Moritz Gutsch

Dorfmayr · Mistlbacher · Sator · Zillner

thema mathematik

Einstieg in die Oberstufe

5. Klasse

5

VERITAS
Gemeinsam besser lernen

Mit Bescheid des Bundesministeriums für Unterricht, Kunst und Kultur, BMUKK-5.050/006-V/9/2009, und des Bundesministeriums für Bildung, Wissenschaft und Forschung, BMBWF-Präs/14-2020-0.254.904 vom 10. Juni 2020, als für den Unterrichtsgebrauch an allgemein bildenden höheren Schulen für die 5. Klasse im Unterrichtsgegenstand Mathematik geeignet erklärt (Anhang).

Schulbuchnummer: **145.640**

9., aktualisierte Auflage (2022)
Die 8. und 9. Auflage kann im Unterricht nebeneinander verwendet werden.
Auf umweltfreundlichem Papier gedruckt bei: siehe https://produkt.veritas.at/22814#additional

Lektorat: Veronika Weidenholzer
Herstellung: Lukas Miesbauer
Umschlaggestaltung und Layout: Ingrid Zuckerstätter, Lukas Miesbauer
Bildredaktion: Raffaela Schuster
Satz und Konstruktionen: DOKU-Consult KG, Wien
Umschlagfotos: Fotolia.com/Visions-AD

ISBN: 978-3-7058-8369-7

Inhaltsverzeichnis

Vorwort

Dieses Heft versucht, die wesentlichen mathematischen Lerninhalte der Sekundarstufe 1 in übersichtlicher Form bereitzustellen. Das Autorenteam hat die Stoffauswahl so vorgenommen, dass Absolventen/Absolventinnen einer Mittelschule oder der AHS-Unterstufe eine gute Orientierung bekommen, was in der Oberstufe der AHS oder in weiterführenden berufsbildenden Schulen an mathematischem Rüstzeug gebraucht wird.

Der Text ist in zehn Abschnitte gegliedert. Zu jedem Stoffgebiet steht am Beginn eine Zusammenfassung der grundlegenden Inhalte. Durchgerechnete Musterbeispiele zeigen anschließend, wie die praktische Umsetzung des Stoffes aussieht. Eine große Auswahl an Übungsbeispielen ermöglicht das eigenständige Arbeiten mit dem Thema und eine entsprechende Auffrischung und Vertiefung der Kenntnisse. Die im Anhang angeführten Lösungen dienen der Kontrolle der Ergebnisse.

Dieses Heft kann sinnvollerweise als Ergänzung zu einem Lehrbuch im Unterricht Verwendung finden, vor allem dann, wenn der Klassenverband „bunt zusammengewürfelt" ist und die mathematischen Voraussetzungen entsprechend unterschiedlich sind. Es wird aber auch möglich sein, durch das Arbeiten mit diesem Heft individuelle Lernschwächen oder Lücken zu beheben.

Wir wünschen dir viele beglückende Aha-Erlebnisse und zahlreiche Momente der Genugtuung, wenn du siehst, dass deine Rechnung oder deine Überlegung stimmt!

Das Autor*innen-Team

1 Zahlen

Zahlenmengen

Natürliche Zahlen $\mathbb{N} = \{0, 1, 2, 3, 4, \ldots\}$

Ganze Zahlen $\mathbb{Z} = \{\ldots -2, -1, 0, 1, 2, \ldots\}$

Rationale Zahlen $\mathbb{Q}$: Bruchzahlen

Irrationale Zahlen $\mathbb{I}$: unendliche, nicht periodische Dezimalzahlen

Reelle Zahlen $\mathbb{R} = \mathbb{Q} \cup \mathbb{I}$: rationale und irrationale Zahlen

Beachte: -7 ist keine natürliche Zahl, kurz $-7 \notin \mathbb{N}$.
-7 ist eine ganze Zahl, kurz $-7 \in \mathbb{Z}$.

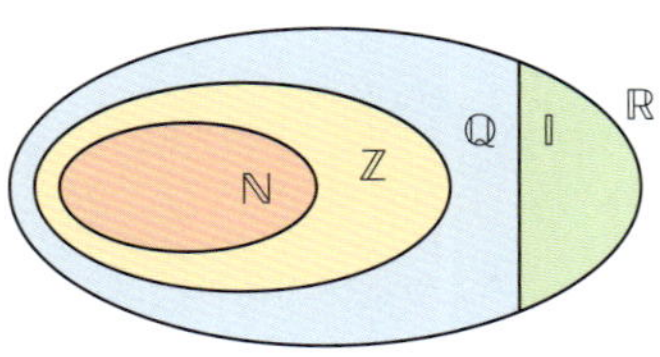

Die reellen Zahlen umfassen die irrationalen und die rationalen Zahlen. Die rationalen Zahlen enthalten die ganzen Zahlen und diese beinhalten die natürlichen Zahlen.

Natürliche Zahlen

Spezielle Teilbarkeitsregeln:

Eine natürliche Zahl ist
- durch 2 teilbar: Einerziffer gerade
- durch 3 teilbar: Ziffernsumme durch 3 teilbar
- durch 5 teilbar: Einerziffer gleich 0 oder 5

Eine natürliche Zahl ist eine **Primzahl**, wenn sie größer als 1 ist und nur durch sich selbst und durch 1 teilbar ist.

Primfaktorzerlegung: Jede natürliche Zahl, die nicht selber eine Primzahl ist, kann als Produkt von Primzahlen geschrieben werden.

Beispiel:

126	2
63	3
21	3
7	7
1	

daher: $126 = 2 \cdot 3^2 \cdot 7$

Ganze Zahlen

Vorzeichenregeln:

$+(+7) = +7$ $-(-7) = +7$

$+(-7) = -7$ $-(+7) = -7$

$(+3) \cdot (+6) = +18$ $(+3) \cdot (-6) = -18$

$(-3) \cdot (+6) = -18$ $(-3) \cdot (-6) = +18$

Vorrangregel: Klammern zuerst, dann Potenzen, dann Punktrechnung vor Strichrechnung:

$6 + 4 \cdot (7 - 5) = 6 + 4 \cdot 2 = 6 + 8 = 14$

$13 - 3 \cdot (-2)^2 = 13 - 3 \cdot 4 = 13 - 12 = 1$

Rationale Zahlen

können wir als Bruchzahlen bzw. als Dezimalzahlen (endlich oder periodisch) schreiben.

Bruchzahlen sind Divisionen: $\frac{\text{Zähler}}{\text{Nenner}}$

Beispiel: $\frac{7}{8} = 7 : 8 = 0{,}875$

Dezimaldarstellung wichtiger Brüche:

$\frac{1}{2} = 0{,}5$ $\frac{1}{4} = 0{,}25$ $\frac{1}{8} = 0{,}125$

$\frac{1}{10} = 0{,}1$ $\frac{1}{5} = 0{,}2$ $\frac{1}{3} = 0{,}\dot{3}$

Brüche erweitern: $\frac{3}{4} = \frac{6}{8} = \frac{15}{20}$

Brüche kürzen: $\frac{80}{100} = \frac{8}{10} = \frac{4}{5}$

Merke: Der Wert des Bruches bleibt beim Erweitern und beim Kürzen gleich!

Die Division durch 0 ist nicht möglich (Überlege, warum!). Daher darf der Nenner eines Bruches nicht 0 sein.

Addieren und Subtrahieren:

Brüche zuerst auf gleichen Nenner bringen!

$$\frac{1}{3} + \frac{2}{5} - \frac{5}{6} = \frac{10}{30} + \frac{12}{30} - \frac{25}{30} = \frac{-3}{30} = -\frac{1}{10}$$

Multiplizieren:

Zähler mal Zähler und Nenner mal Nenner:

$$\frac{21}{10} \cdot \frac{15}{14} = \frac{21 \cdot 15}{10 \cdot 14} = \frac{3 \cdot 3}{2 \cdot 2} = \frac{9}{4}$$

Dividieren:

Mit dem Kehrwert multiplizieren:

$$\frac{12}{5} : \frac{3}{10} = \frac{12}{5} \cdot \frac{10}{3} = \frac{4 \cdot 2}{1 \cdot 1} = 8$$

Doppelbrüche:

Produkt der Außenglieder durch Produkt der Innenglieder:

$$\frac{\frac{3}{10}}{\frac{9}{5}} = \frac{3 \cdot 5}{10 \cdot 9} = \frac{1 \cdot 1}{2 \cdot 3} = \frac{1}{6}$$

Irrationale Zahlen

können wir nicht als Bruchzahl schreiben. Sie sind nicht periodische Dezimalzahlen mit unendlich vielen Nachkommastellen.

Beispiele: $\sqrt{2}$, $\sqrt[3]{4}$, π

Rechnen mit Wurzeln:

$$\sqrt{a \cdot b} = \sqrt{a} \cdot \sqrt{b} \qquad \sqrt{\frac{a}{b}} = \frac{\sqrt{a}}{\sqrt{b}}$$

Beispiele: $\sqrt{500} = \sqrt{5 \cdot 100} = \sqrt{5} \cdot \sqrt{100} = \sqrt{5} \cdot 10$

$\sqrt{\frac{2}{25}} = \frac{\sqrt{2}}{\sqrt{25}} = \frac{\sqrt{2}}{5}$

Beachte: $\sqrt{a} + \sqrt{b} \neq \sqrt{a + b}$, weil z. B. $\sqrt{4} + \sqrt{1} \neq \sqrt{5}$
$\sqrt{a} - \sqrt{b} \neq \sqrt{a - b}$, weil z. B. $\sqrt{4} - \sqrt{1} \neq \sqrt{3}$

1 Welche dieser Zahlen gehören zur Menge $\mathbb{N}$?
2; $\sqrt{16}$; $\frac{3}{2}$; $16{,}0$; $\frac{16}{8}$; $8{,}2$; $\sqrt{10}$; $\sqrt{36}$

2 Welche dieser Zahlen gehören zur Menge $\mathbb{Z}$?
-12; $-\frac{1}{2}$; $\frac{12}{3}$; $7{,}5$; $8{,}0$; $\frac{15}{5}$; $\frac{10}{4}$

3 Welche dieser Zahlen gehören zur Menge $\mathbb{Q}$?
$-\frac{2}{3}$; $\frac{8}{4}$; $\sqrt{10}$; $1{,}\dot{3}$; $-3{,}9$; 10; $\sqrt{16}$

4 Kreuze die richtigen Aussagen an!

a)

$15{,}0 \in \mathbb{N}$	☐
$-2{,}5 \in \mathbb{Z}$	☐
$-4{,}0 \in \mathbb{Z}$	☐
$12 \in \mathbb{Q}$	☐
$5{,}\dot{3} \in \mathbb{Q}$	☐

b)

$\frac{10}{2} \in \mathbb{N}$	☐
$\frac{2}{10} \in \mathbb{N}$	☐
$\frac{32}{8} \in \mathbb{Z}$	☐
$-50{,}3 \in \mathbb{Z}$	☐
$7 \in \mathbb{Q}$	☐

5 Welche dieser Zahlen sind durch 2 teilbar?
108; 227; 46; 820; 81; 49; 736; 121

6 Welche dieser Zahlen sind durch 3 teilbar?
32; 222; 502; 84; 108; 201; 75; 266

7 Welche dieser Zahlen sind durch 5 teilbar?
654; 90; 345; 181; 335; 890; 73; 390

8 Bestimme die Primfaktorzerlegung:
a) 320 b) 180 c) 200 d) 126 e) 495

9 Schreibe als Dezimalzahl:
a) $\frac{21}{6}$ b) $\frac{83}{10}$ c) $\frac{15}{24}$ d) $\frac{12}{5}$ e) $\frac{19}{3}$ f) $\frac{19}{20}$

10 Schreibe als Dezimalzahl:
a) $\frac{42}{8}$ b) $\frac{23}{5}$ c) $\frac{75}{2}$ d) $\frac{80}{3}$ e) $\frac{97}{100}$ f) $\frac{12}{75}$

11 Schreibe als gekürzte Bruchzahl:
a) $0{,}8$ b) $3{,}75$ c) $22{,}5$
d) $7{,}1$ e) $5{,}\dot{6}$ f) $2{,}375$

12 Schreibe als gekürzte Bruchzahl:
a) $2{,}\dot{6}$ b) $10{,}2$ c) $1{,}25$
d) $6{,}5$ e) $4{,}9$ f) $3{,}4$

13 a) $986 - 58 \cdot 14 - 273 : 7$
b) $(986 - 58) \cdot 14 - 273 : 7$
c) $986 - 58 \cdot (14 - 273 : 7)$
d) $986 - 58 \cdot (14 - 273) : 7$

14 a) $(-8) \cdot (-4) + (+9) \cdot (-3)$
b) $(+7) \cdot (-4) + (-4) \cdot (-6)$
c) $(-9) \cdot (-2) - (+2) \cdot (+8)$
d) $(+5) \cdot (+3) + (-7) \cdot (+4)$

15 a) $20 - (+3) \cdot (-4) - (-5) \cdot (+3)$
b) $-34 + (-3) \cdot (+6) - (-12) \cdot (+4)$
c) $-12 - (+5) \cdot (-11) - (+10) \cdot (-9)$
d) $22 + (-4) \cdot (-5) + (-11) \cdot (+3)$

16 a) $-23 - 4 \cdot (-7 - 3)$
b) $-13 \cdot (-5 + 3) + 40$
c) $(-5 + 7) \cdot (-8) - (-30)$
d) $-6 + 7 \cdot (-1 + 2 \cdot 8)$

17 Kürze die Brüche:
a) $\frac{6}{8}$ b) $\frac{8}{12}$ c) $\frac{5}{15}$ d) $\frac{12}{10}$ e) $\frac{9}{18}$ f) $\frac{16}{10}$

18 Kürze die Brüche:
a) $\frac{45}{54}$ b) $\frac{32}{36}$ c) $\frac{18}{30}$ d) $\frac{28}{49}$ e) $\frac{30}{54}$ f) $\frac{16}{48}$

Aufgaben 19–28: Schreibe das Ergebnis als Bruchzahl und als Dezimalzahl!

19 a) $\frac{1}{2} - \frac{2}{3}$ b) $\frac{5}{6} + \frac{3}{4}$ c) $\frac{2}{5} + \frac{1}{3}$ d) $\frac{3}{4} + \frac{3}{5}$

20 a) $-\frac{2}{3} + \frac{1}{2} - \frac{1}{4}$ b) $-\frac{3}{4} + \frac{4}{5} + \frac{3}{2}$
c) $\frac{1}{4} - \frac{5}{6}$ d) $\frac{3}{8} + \frac{2}{3}$

21 a) $\frac{5}{12} + \frac{4}{15}$ b) $\frac{7}{18} + \frac{5}{12}$ c) $\frac{4}{9} + \frac{9}{15}$ d) $\frac{3}{16} + \frac{5}{12}$

22 a) $\frac{7}{6} \cdot \frac{15}{14} - \frac{3}{8}$ b) $\frac{3}{2} - \frac{9}{10} \cdot \frac{4}{3}$
c) $\frac{2}{3} - \frac{9}{8} \cdot \frac{8}{15}$ d) $\frac{7}{10} \cdot \frac{5}{14} + \frac{1}{12}$

23 a) $\frac{3}{10} + \frac{4}{5} : \frac{2}{3}$ b) $\frac{3}{10} : \frac{4}{5} + \frac{5}{8}$
c) $\frac{7}{8} - \frac{5}{12} : \frac{2}{9}$ d) $1\frac{3}{10} : \frac{3}{5} - \frac{2}{3}$

24 a) $\left(\frac{1}{2} + \frac{9}{10}\right) \cdot 2\frac{1}{2}$ b) $\left(1\frac{2}{5} - \frac{3}{20}\right) \cdot 1\frac{1}{3}$
c) $\left(\frac{2}{3} + \frac{1}{30}\right) \cdot 2\frac{1}{7}$ d) $\left(1\frac{1}{2} + \frac{3}{14}\right) \cdot \frac{7}{20}$

25 a) $\left(1\frac{2}{15} - \frac{5}{6}\right) : \frac{7}{10}$ b) $\left(1\frac{1}{6} - \frac{7}{10}\right) : \frac{7}{10}$
c) $\left(\frac{3}{10} + \frac{3}{20}\right) : \frac{9}{16}$ d) $\left(\frac{1}{6} + \frac{1}{24}\right) : \frac{5}{9}$

26 a) $\left(1\frac{1}{2} \cdot \frac{4}{9} - \frac{4}{15}\right) \cdot \frac{5}{8}$ b) $\left(1\frac{1}{8} \cdot \frac{8}{15} + \frac{3}{5}\right) \cdot \frac{5}{6}$
c) $\left(2\frac{2}{7} \cdot \frac{7}{20} + \frac{2}{5}\right) \cdot \frac{5}{9}$ d) $\left(1\frac{1}{5} \cdot \frac{5}{8} - \frac{1}{5}\right) \cdot 1\frac{1}{11}$

27 a) $\dfrac{\frac{3}{10}}{\frac{9}{5}}$ b) $\dfrac{2\frac{1}{4}}{3\frac{3}{5}}$ c) $\dfrac{\frac{4}{5} + \frac{4}{6}}{\frac{5}{14} + \frac{1}{6}}$ d) $\dfrac{1\frac{1}{2} + \frac{6}{7}}{\frac{1}{2} + \frac{3}{5}}$

28 a) $\dfrac{\frac{6}{14} : \frac{9}{7} - \frac{1}{5}}{\frac{1}{4} - \frac{2}{5}}$ b) $\dfrac{-\frac{7}{3} : \frac{7}{2} + \frac{1}{4}}{\frac{1}{6} + \frac{1}{9}}$ c) $\dfrac{\frac{5}{6} + \frac{1}{2} - \frac{3}{4}}{\frac{3}{2} - \frac{5}{3} - \frac{1}{4}}$ d) $\dfrac{2 - \frac{9}{4} - \frac{1}{5}}{\frac{1}{5} - \frac{3}{8} + \frac{21}{40}}$

29 Berechne die Wurzel ohne Taschenrechner.
a) $\sqrt{400}$ b) $\sqrt{1600}$ c) $\sqrt{6400}$ d) $\sqrt{2500}$
e) $\sqrt{\frac{9}{16}}$ f) $\sqrt{\frac{4}{25}}$ g) $\sqrt{\frac{16}{49}}$ h) $\sqrt{\frac{144}{100}}$

2 Maße und Proportionen

Eine Größe besteht aus einer Maßzahl und einer Maßeinheit.
Wenn du z. B. die Länge einer Dreiecksseite angibst, schreibst du eine Größe an:

Maßzahl Maßeinheit Maßzahl Maßeinheit

7,8 cm = 78 mm

Hinweis: Beim Rechnen mit Größen musst du immer aufpassen, dass die Maßeinheiten stimmen!

Umrechnen von Größen

Beachte die Umwandlungszahlen, 10, 100 und 1000 für Längen-, Flächen- und Volumsmaße!

Längen:

10 mm = 1 cm
10 cm = 1 dm
10 dm = 1 m
1 000 m = 1 km

100 cm = 1 m
1 000 mm = 1 m

1 mm = 0,001 m
1 cm = 0,01 m
1 dm = 0,1 m

Flächen:

100 mm^2 = 1 cm^2
100 cm^2 = 1 dm^2
100 dm^2 = 1 m^2
100 m^2 = 1 a
100 a = 1 ha
100 ha = 1 km^2

1 mm^2 = 0,01 cm^2
1 cm^2 = 0,01 dm^2
1 dm^2 = 0,01 m^2

Volumina:

1 000 mm^3 = 1 cm^3
1 000 cm^3 = 1 dm^3
1 000 dm^3 = 1 m^3

Hohlmaße:

1 ℓ = 1 dm^3
1 hl = 100 ℓ
1 ml = 0,001 ℓ

Massen:

1 dag = 10 g
1 kg = 100 dag
1 kg = 1 000 g
1 t = 1 000 kg

Geld:

1 € = 100 c
1 c = 0,01 €

Zeit:

1 Tag = 24 h
1 h = 60 min
1 min = 60 s
1 ms = 0,001 s

Winkel:

1° = 60'
1' = 60"

Direkte Proportion:

Dem Doppelten, Dreifachen, Vierfachen ... einer Größe entspricht das Doppelte, Dreifache, Vierfache ... einer anderen Größe.

Indirekte Proportion:

Dem Doppelten, Dreifachen, Vierfachen ... einer Größe entspricht die Hälfte, ein Drittel, ein Viertel ... einer anderen Größe.

Hinweis: Du musst bei jedem Beispiel überlegen, ob es sich um eine direkte oder um eine indirekte Proportion handelt.

30 Ein Haus wird mit Pellets geheizt.
Die Heizsaison dauert 6 Monate.
Nach 4 Monaten sind 2 100 kg Pellets verbraucht.

Wie viel Pellets benötigt man für die gesamte Heizsaison?

Ausführung:

Wird doppelt so lange geheizt, braucht man doppelt so viel Pellets. ⇒ direkte Proportion

	Zeitdauer	Masse Pellets	
	4 Monate	2 100 kg	
: 4	1 Monat	525 kg	: 4
· 6	6 Monate	3 150 kg	· 6

Ergebnis:

Man benötigt 3 150 kg Pellets für die gesamte Heizsaison.

31 Peter, Lisa, Niki und Laura arbeiten $1\frac{1}{2}$ Stunden im Schulbiotop.

Wie lange hätten sie für die gleiche Arbeit gebraucht, wenn Laura nicht dabei gewesen wäre?

Ausführung:

Wenn doppelt so viele Kinder mitarbeiten, dauert es nur die halbe Zeit. ⇒ indirekte Proportion

	Anzahl	Zeitdauer	
	4 Kinder	1,5 Stunden	
: 4	1 Kind	6 Stunden	· 4
· 3	3 Kinder	2 Stunden	: 3

Ergebnis:

Ohne Laura hätten die Kinder 2 Stunden gearbeitet.

32 Schreibe in cm:
a) 50 mm b) 3,76 m
c) 0,25 m d) 203 mm

33 Schreibe in m:
a) 605 cm b) 0,38 km
c) 1,1 km d) 500 mm

34 Schreibe in dm^2:
a) 1,12 m^2 b) 170 cm^2
c) 4 000 mm^2 d) 2 300 cm^2

35 Schreibe in cm^3:
a) 4 500 mm^3 b) 25,3 dm^3
c) 0,25 dm^3 d) 580 mm^3

36 Schreibe in ℓ:
a) 3 000 cm^3 b) 7,2 m^3
c) 3,2 hl d) 750 ml

37 Schreibe in kg:
a) 40 dag b) 3,4 t
c) 1 200 g d) 130 dag

38 Schreibe in min:
a) 240 s b) 0,25 h
c) 15 s d) 0,4 h

39 Schreibe die Winkel in Grad:
a) 180' b) 20'
c) 100' d) 84'

40 Stelle fest, ob es sich um eine direkte oder um eine indirekte Proportion oder um keine Proportion handelt:
a) Je schneller Maria mit ihrem Fahrrad unterwegs ist, umso schneller ist sie bei ihrer Freundin Anna.
b) Je lauter Fabian seinen Bruder Martin weckt, umso schneller kommt Martin zum Frühstück.
c) Je mehr Seiten Jürgen in einem Roman liest, umso länger sitzt er in seinem Lesesessel.

41 Drei Personen zahlen für einen Kinobesuch zusammen 22,50 €.
Wie viel zahlen fünf Personen?

42 75 dag Schweinefleisch kosten 5,85 €.
Wie viel kostet 1 kg Schweinefleisch?

43 40 Gramm Rindfleisch haben einen Nährwert von 500 Kilojoule.
Welchen Nährwert hat 1 kg Rindfleisch?

44 Frau Baier wechselt am Flughafen 225 € in 360 Schweizer Franken.
Wie viel Euro braucht sie für 500 Schweizer Franken?

45 Frau Jäger wechselt in einer Bank 280 € in 182 Pfund.
Wie viel Euro braucht sie für 260 Pfund?

46 Julia und Anna bekommen beide monatlich gleich viel Taschengeld. Julia gibt täglich doppelt so viel aus wie Anna. Bei Anna reicht das Taschengeld für 28 Tage.
Wie lange reicht das Taschengeld bei Julia?

47 Ein Becken fasst 2 760 Liter Wasser und kann in 80 Minuten gefüllt werden.
Wie viel Wasser ist nach 50 Minuten im Becken?

48 Ein LKW-Fahrer fährt mit 60 km/h und braucht für eine bestimmte Strecke 42 Minuten.
Wie lange braucht er, wenn er mit 84 km/h fährt?

49 Ein Auto verbraucht auf einer Strecke von 750 km 51 Liter Benzin.
Wie viel Benzin braucht das Auto für 100 km?

50 Ein Tank fasst 2 720 Liter Heizöl und kann in 24 Minuten gefüllt werden.
Wie viel Heizöl fließt innerhalb von 15 Minuten?

51 Ein Auto verbraucht auf einer Teststrecke von 560 km 35 Liter Benzin.
Wie weit kommt das Auto mit 28 Liter Benzin?

52 Ein Schnellzug fährt mit 132 km/h und braucht für eine bestimmte Strecke 35 Minuten.
Wie lange braucht der Zug mit 105 km/h?

53 24 Arbeiter einer Malerfirma sollen die Fenster des Stiftes Melk in 40 Tagen streichen.
Wie lange dauern die Arbeiten, wenn die Firma sogar 30 Arbeiter einsetzen kann?

54 In ein Wasserbecken fließen pro Minute 546 Liter Wasser.
Wie viel m^3 Wasser sind nach 20 Minuten eingeflossen?

55 Das Auto von Herrn Huber verbraucht für 750 km 39 Liter Benzin.
a) Berechne den Benzinverbrauch für 100 km.
b) Wie groß sind die Benzinkosten für eine Urlaubsreise von 1 300 km, wenn ein Liter Benzin 1,05 € kostet?

3 Prozente und Zinsen

Der **Anteil *A*** entspricht p% vom **Grundwert *G***.
Dabei ist ***p*** der **Prozentsatz**.

$A = p\%$ von G

$A = \frac{p}{100} \cdot G$

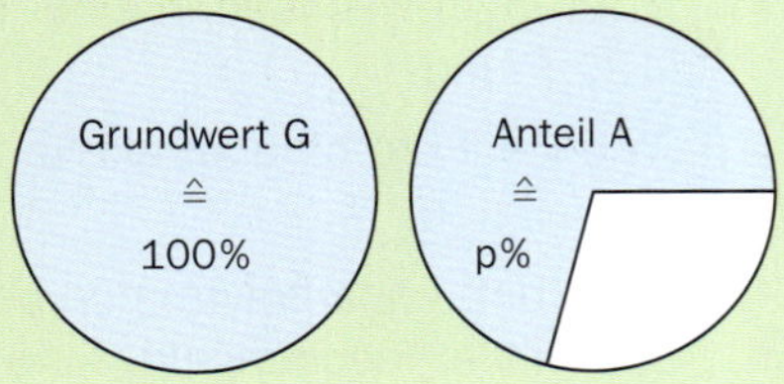

Bemerkung: Der Prozentsatz p kann mit $\frac{p}{100} = \frac{A}{G}$ berechnet werden. Er lässt sich auch als Bruch oder als Dezimalzahl schreiben:

$17\,\% = \frac{17}{100} = 0{,}17$ $\qquad 123\,\% = \frac{123}{100} = 1{,}23$

$0{,}96 = \frac{96}{100} = 96\,\%$ $\qquad \frac{2}{3} \approx 0{,}667 = 66{,}7\,\%$

Prozentsätze, die einfache Verhältnisse angeben:

$50\,\% = \frac{1}{2} = 0{,}5$ .... „die Hälfte"

$75\,\% = \frac{3}{4} = 0{,}75$ .... „drei Viertel"

$120\,\% = \frac{6}{5} = 1{,}2$ .... „um 20 % mehr"

$90\,\% = \frac{9}{10} = 0{,}9$ .... „um 10 % weniger"

Bei jedem Einkauf bezahlen wir Mehrwertsteuer.

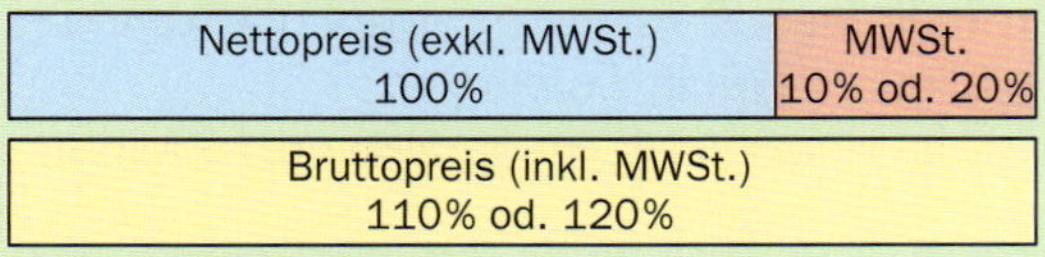

Der **Nettopreis** ist der Preis ohne Mehrwertsteuer (Preis exkl. MWSt.). Er entspricht 100 %.

Der **Bruttopreis** ist der Preis mit Mehrwertsteuer (Preis inkl. MWSt.). In Österreich beträgt die Mehrwertsteuer 10 % oder 20 % vom Nettopreis.

56 **Grundwert und Prozentsatz gegeben → Anteil gesucht**

Frau Karl verdient 2140 € monatlich. Sie bekommt eine Lohnerhöhung von 3,5 %.
Wie viel verdient Frau Karl nun?

Ausführung:

	Prozentsatz	Geld	
: 100	100 %	2140,00 €	: 100
· 3,5	1 %	21,40 €	· 3,5
	3,5 %	74,90 €	

Kürzer: Das Gehalt steigt von 100 % auf 103,5 %:
neues Gehalt = 103,5 % von 2140
neues Gehalt = $1{,}035 \cdot 2140$
neues Gehalt = 2214,9

Ergebnis: Frau Karl verdient nun 2214,90 €.

57 **Grundwert und Anteil gegeben → Prozentsatz gesucht**

Herr Müller hat im Urlaub von 75 kg auf 78 kg zugelegt. Wie viel Prozent hat er zugenommen?

Ausführung:

	Masse	Prozentsatz	
: 75	75 kg	100 %	: 75
· 3	1 kg	$\frac{4}{3}$ %	· 3
	3 kg	4 %	

Kürzer: $\frac{p}{100} = \frac{A}{G}$

$\frac{p}{100} = \frac{78}{75}$

$\frac{p}{100} = 1{,}04$

Ergebnis: Herr Müller hat 4 % zugenommen.

58 **Anteil und Prozentsatz gegeben → Grundwert gesucht**

Ein Pullover kostet inkl. 20 % MWSt. 96,30 €.
Berechne den Nettopreis!

Ausführung:

	Prozentsatz	Geld	
: 120	120 %	96,30 €	: 120
· 100	1 %	0,8025 €	· 100
	100 %	80,25 €	

Kürzer: $120\,\%$ von $N = 96{,}3$

$1{,}2 \cdot N = 96{,}3$

$N = \frac{96{,}3}{1{,}2} = 80{,}25$

Ergebnis: Der Pullover kostet netto 80,25 €.

59 **Mehrmaliges Anwenden von Prozentsätzen**

Ein Betrieb kauft eine neue Maschine, deren Wert jährlich um 20 % gegenüber dem Vorjahreswert sinkt.
Um wie viel Prozent ist der Wert nach 2 Jahren gesunken?

Ausführung: x ... Wert der neuen Maschine

Der Wert der Maschine sinkt jährlich um 20 %:
Wert nach 1 Jahr ... $0{,}8 \cdot x$
Wert nach 2 Jahren ... $0{,}8 \cdot (0{,}8 \cdot x) = 0{,}64 \cdot x$

Ergebnis: Der Wert der Maschine ist nach 2 Jahren um 36 % gesunken.

Einfache Zinsformel für einen Zinssatz p %

Zinsen für ein Jahr $\qquad Z = K_0 \cdot \frac{p}{100}$

Kapital nach einem Jahr $\qquad K = K_0 \cdot \left(1 + \frac{p}{100}\right)$

Hinweis: Bei einem Sparbuch bekommt das Finanzamt 25 % der ausbezahlten Zinsen (Kapitalertragsteuer KESt). Man kann dies sehr einfach berücksichtigen, indem man mit einem sogenannten *effektiven Zinssatz* rechnet. Für diesen gilt: $p_{eff} = 0{,}75 \cdot p$

60 Zu Jahresbeginn liegen 235 € auf einem Sparbuch.
Wie hoch ist die Einlage nach einem Jahr bei 3% Verzinsung (abzüglich KESt)?

Ausführung:

Effektiver Zinssatz: $p_{eff} = 3\% \cdot 0{,}75 = 2{,}25\%$

$K = 235 \cdot \left(1 + \frac{2{,}25}{100}\right) = 235 \cdot 1{,}0225 \approx 240{,}29$

Ergebnis:
Die Einlage beträgt nach einem Jahr 240,29 €.

61 Das Kapital auf Susis Sparbuch ist in einem Jahr von 320 € auf 326 € gewachsen.
Wie viel Prozent Zinsen zahlt die Bank?

Ausführung: $320 \cdot \left(\frac{p_{eff}}{100}\right) = 6$

$p_{eff} = \frac{600}{320} = 1{,}875\%$

Umrechnen effektiver Zinssatz $p_{eff} \rightarrow$ Zinssatz p

$p = \frac{1{,}875\%}{0{,}75} = 2{,}5\%$

Ergebnis: Die Bank zahlt 2,5% Zinsen.

Zinseszinsformel für einen Zinssatz p%

$$K_n = K_0 \cdot \left(1 + \frac{p}{100}\right)^n$$

K_0 ... Anfangskapital K_n ... Kapital nach n Jahren

62 Ein Kapital von 550 € wird effektiv mit 3,375% verzinst.
Wie hoch ist das Kapital nach 8 Jahren?

Ausführung:

$K_8 = 550 \cdot \left(1 + \frac{3{,}375}{100}\right)^8 = 550 \cdot 1{,}03375^8 \approx 717{,}28$

Ergebnis: Kapital nach 8 Jahren: 717,28 €

63 Ein Becher Joghurt kostet 0,60 € und wird um 5% teurer.
Wie viel kostet ein Becher Joghurt nun?

64 Eine Tube Zahnpasta kostet normalerweise 1,60 €. Bei einer Aktion wird sie um 15% billiger angeboten.
Wie viel kostet die Zahnpasta nun?

65 Ein Autofahrer fährt im Ortsgebiet statt der erlaubten 50 km/h mit 70 km/h. Um wie viel Prozent ist er zu schnell unterwegs?

66 Die Handyrechnung von Claudia steigt von 12,40 € auf 19,22 €.
Um wie viel Prozent ist der Betrag gestiegen?

67 Laut Wikipedia lebten 2006 in Afrika 924 Mio. Menschen. Das waren 14,1% der Weltbevölkerung. Wie groß war 2006 die Weltbevölkerung?

68 Eine Firma wirbt: Nimm 3 DVDs, zahle nur 2 DVDs! Um wie viel Prozent sind die DVDs verbilligt? Runde auf ganze Prozent!

69 4 Kinder aus der 1B, das sind 16% der Klasse, sind krank. Wie viele Kinder gehen in die 1B?

70 Die Aktie einer Firma kostet 625 € und steigt um 18%. Im nächsten Jahr steigt ihr Wert nochmals um 12%.
Berechne, welchen Wert die Aktie zuletzt hat!

71 Ein Tisch kostet regulär 600 € und wird um 20% billiger angeboten. Zu Weihnachten wird der Preis aller Waren nochmals um 5% gesenkt.
Wie viel kostet der Tisch zu Weihnachten?

72 Ein Mann hat eine bestimmte Masse und nimmt zunächst 10% ab, dann aber um 20% zu.
Um wie viel Prozent der ursprünglichen Masse hat er zugenommen?

73 Ein Supermarkt verkauft bei einer Aktion Getränke um 15% billiger. Ein Kunde bekommt bei der Kassa außerdem noch einen Preisnachlass von 10%.
Um wie viel Prozent sind die Getränke verbilligt?

74 Eine Bluse kostet inklusive 20% Mehrwertsteuer 54 €. Berechne den Nettopreis der Bluse!

75 Ein Computer kostet netto 820 €.
Berechne den Bruttopreis des Computers.

76 Karo eröffnet am 1. April ein Sparbuch mit 6 000 €. Die Bank bezahlt 2% Zinsen.
Wie viel Euro hat sie am Ende des Jahres am Sparbuch?
Hinweis: Karo bekommt Zinsen für 8 Monate, also für $\frac{8}{12}$ eines Jahres.

77 Herr Maier nimmt am 1. Juni einen Kredit über 8 000 € auf (Zinssatz 9%).
Wie hoch sind seine Schulden am Jahresende?

78 Das Kapital auf Karls Sparbuch ist in einem Jahr von 880 € auf 893,20 € gewachsen.
Wie viel Prozent Zinsen zahlt die Bank?

79 Ein Kapital von 4 000 € wird effektiv mit 2,8% verzinst. Berechne das Kapital nach 20 Jahren!

80 Schulden von 10 000 € werden mit 8,25% verzinst.
Berechne die Höhe der Schulden **a)** nach 5 Jahren **b)** nach 10 Jahren.

4 Terme

Definition: Eine **Variable** steht für eine unbekannte Zahl oder Größe.
Ein **Term** ist eine sinnvolle Verknüpfung von Zahlen und Variablen durch Rechenzeichen.

Beispiele:
$a + b$; $6b$; $3x^2 - 5$; $(x + y)^2$; $\frac{3u - v}{u + 3v}$; $\sqrt{2m - n}$; ...

81 Schreibe mithilfe eines Terms: „Der Preis wurde um 5 % gesenkt."

Ausführung:
1. Variable festlegen: p ... Normalpreis
2. Term ermäßigter Preis: 95 % von $p = 0{,}95p$

82 Schreibe mithilfe eines Terms: „Drei Viertel des Personals sind Frauen."

Ausführung:
1. Variable festlegen: p ... Personalstand
2. Term für Anzahl der Frauen: $\frac{3}{4}p$

Arten von Termen

Monom: eine Zahl oder ein Produkt von Zahlen und Variablen

Binom: Summe oder Differenz von zwei Monomen z. B. $a + b$; $10x - 8y$; ...

Polynom: Summe oder Differenz von Monomen z. B. $x^5 - 4x^3 + 1$; $-2t^7$

Bruchterm: Term der Form $\frac{T_1}{T_2} = \frac{\text{Zähler}}{\text{Nenner}}$
z. B. $\frac{3}{x+1}$; $\frac{3}{x^2}$; $\frac{2}{x} + 1$; ...

Rechnen mit Termen

Klammern auflösen:
$A + (B + C) = A + B + C$
$A + (B - C) = A + B - C$
$A - (B + C) = A - B - C$
$A - (B - C) = A - B + C$

83 Löse die Klammern auf:

a) $14 - (3r - 2) + (6r - 7) =$
$= 14 - 3r + 2 + 6r - 7 = 3r + 9$

b) $(3s - 4t) - (s - 5t) + (t - 2s) =$
$= 3s - 4t - s + 5t + t - 2s = 2t$

Rechnen mit Potenzen:
$a^n \cdot a^m = a^{n+m}$ $\qquad \frac{a^n}{a^m} = a^{n-m}$ $\qquad (a^n)^m = a^{n \cdot m}$

84 Vereinfache: a) $3a^7 \cdot 5a^3$ b) $\frac{20b^{12}}{4b^{13}}$

Ausführung: a) $3a^7 \cdot 5a^3 = 15a^{10}$ b) $\frac{20b^{12}}{4b^{13}} = \frac{5}{b}$

Ausmultiplizieren

Mit einer Klammer multiplizieren
$a \cdot (b + c) = a \cdot b + a \cdot c$

Zwei Klammern multiplizieren
$(a + b) \cdot (c + d) = a \cdot c + a \cdot d + b \cdot c + b \cdot d$

85 Vereinfache durch Ausmultiplizieren.

a) $-2a^2(4a^3 + 5a + 1) = -8a^5 - 10a^3 - 2a^2$

b) $3a(5a + 3) - 5a(2a + 1) =$
$= 15a^2 + 9a - 10a^2 - 5a = 5a^2 + 4a$

c) $(3a - 2)(5a + 4) - (6a + 4)(2a - 1) =$
$= 15a^2 - 10a + 12a - 8 -$
$- (12a^2 + 8a - 6a - 4) =$
$= 15a^2 + 2a - 8 - 12a^2 - 8a + 6a + 4 =$
$= 3a^2 - 4$

Das **Herausheben** eines gemeinsamen Faktors ist die Umkehrung zum Ausmultiplizieren:
$a \cdot b + a \cdot c = a \cdot (b + c)$
$a \cdot b - a \cdot c = a \cdot (b - c)$

86 Vereinfache durch Herausheben.

a) $24a^2 - 20a = 4a \cdot (6a - 5)$

b) $4a^3b - 12a^2b^2 = 4a^2b \cdot (a - 3b)$

Binomische Formeln:
$(a + b)^2 = a^2 + 2ab + b^2$
$(a - b)^2 = a^2 - 2ab + b^2$
$(a + b)(a - b) = a^2 - b^2$

87 Vereinfache durch Ausmultiplizieren.

a) $(7a + 4)^2 = 49a^2 + 2 \cdot 7a \cdot 4 + 16 =$
$= 49a^2 + 56a + 16$

b) $(6a - 5)^2 - (4a + 3)(8a - 1) =$
$= 36a^2 - 60a + 25 - (32a^2 + 24a - 4a - 3) =$
$= 36a^2 - 60a + 25 - 32a^2 - 24a + 4a + 3 =$
$= 4a^2 - 80a + 28$

88 Schreibe als Produkt, indem du eine binomische Formel anwendest.

a) $9a^2 - 16 = (3a + 4) \cdot (3a - 4)$

b) $x^2 - 12x + 36 = (x - 6)^2$

c) $4a^2 - 20ab + 25b^2 = (2a - 5b)^2$

89 Bestimme den Hauptnenner und subtrahiere:
$$\frac{2a - 3}{2a^2 + 2a} - \frac{a + 2}{a^2 - 1}$$

Ausführung:
Zuerst die Nenner als Produkt schreiben:

$2a^2 + 2a$	$= 2a(a + 1)$	$(a - 1)$
$a^2 - 1$	$= (a + 1)(a - 1)$	$2a$
Hauptnenner	$= 2a(a + 1)(a - 1)$	

Rechts sind die Faktoren zum Erweitern (rot) angegeben!

$\frac{2a-3}{2a(a+1)} - \frac{a+2}{(a+1)(a-1)} =$

$= \frac{(2a-3)\cdot(a-1)}{2a(a+1)\cdot(a-1)} - \frac{(a+2)\cdot(2a)}{(a+1)(a-1)\cdot(2a)} =$ (E)

$= \frac{2a^2-2a-3a+3}{2a(a+1)(a-1)} - \frac{2a^2+4a}{2a(a+1)(a-1)} =$ (Z)

$= \frac{2a^2-5a+3-2a^2-4a}{2a(a+1)(a-1)}$ (A)

$= \frac{-9a+3}{2a(a+1)(a-1)}$

Erklärung Abkürzungen: E … Brüche erweitern; Z … Zähler ausrechnen; A … Brüche addieren

90 Dividiere: $\frac{4x^2-1}{2x^2} : \frac{4x+2}{4x}$

Ausführung:

$\frac{4x^2-1}{2x^2} : \frac{4x+2}{4x} = \frac{4x^2-1}{2x^2} \cdot \frac{4x}{4x+2}$

$= \frac{(2x+1)(2x-1)\cdot 4x}{2x^2\cdot 2(2x+1)}$

$= \frac{1(2x-1)\cdot 1}{x\cdot 1} = \frac{2x-1}{x}$

91 Schreibe mithilfe eines Terms:

a) Die Anzahl der Geburten, wenn diese im Vergleich zum Vorjahr um 1,8% gesunken sind.

b) Den um 15% gesenkten und anschließend noch einmal um 10% gesenkten Preis.

c) Den um 3,2% gestiegenen und anschließend noch einmal um 2,5% erhöhten Preis.

92 Bei einer Wahl dürfen s Studierende teilnehmen. 75% der Wahlberechtigten haben an der Wahl teilgenommen. 96% der abgegebenen Stimmen waren gültig.
Gib einen Term für die Anzahl der abgegebenen ungültigen Stimmen an.

93 Ein Quadrat hat die Seitenlänge s.
Interpretiere folgende Terme im Kontext:

1) $0{,}5s \cdot s$ 2) $4s$

94 Löse die Klammern auf.

a) $(2a+3)-(a-7)-(-3a+4)$

b) $(-3a+6)-(2a+3)-(a-5)$

c) $12-(3a+4)-(5-7a)-(a+1)$

d) $7+(8a-9)-(3a-1)-(4a-7)$

95 Löse die Klammern auf.

a) $(2a-6b)-(3b-8a)-(a-6b)$

b) $(-3a+5b)+(6b-2a)-(11b-9a)$

c) $(9a-3b)-(2a-7b)-(7a+2b)$

d) $(a-b)-(4b-a)-(3a-2b)$

96 Vereinfache:

a) $7a^6\cdot 2a^4$ b) $4a^9\cdot 3a^2$ c) $\frac{6a^8}{15a^4}$ d) $\frac{35a^3}{14a^{12}}$

97 Vereinfache durch Ausmultiplizieren.

a) $3a(4a-5)-2a(3a-7)$

b) $5a(8a+7)-9a(6a+4)$

c) $(a+4)(a-3)+(3a+2)(a-1)$

d) $(a-2)(2a+4)-(a+1)(a+7)$

98 Vereinfache durch Ausmultiplizieren.

a) $(4a+1)(a+2)-(a+2)(4a-1)$

b) $(7a-2)(a+4)-(a+1)(2a-8)$

c) $(a+4)^2-(a+2)(a-8)$

d) $(4a+5)^2-(8a+3)(2a-5)$

99 Vereinfache durch Ausmultiplizieren.

a) $(2a+3b)(a-2b)-(a+2b)(2a-b)$

b) $(a-3b)(6a+b)-(2a+3b)(3a-b)$

c) $(3a+b)^2-(a-b)^2$

d) $(3a+2b)^2+(2a-3b)^2$

100 Vereinfache durch Herausheben.

a) $14a^2-21a$ b) $48a^3+12a^2$

c) $12a^3-8a$ d) $6a^3+24a^2-12a$

101 Vereinfache durch Herausheben.

a) $5a^3-20a^2+40a$ b) $12a^3-36a^2-9a$

c) $3a^4b+12a^3b+24a^2b$

d) $2a^3b^2+4a^2b^2+2ab^2$

102 Schreibe, wenn möglich, als Produkt.

a) $4a^2-25$ b) a^2-4a+4

c) a^4-4a^2 d) $2a^3-2a$

103 Schreibe als Produkt.

a) $20a^2+20ab+5b^2$ b) $3a^2+24ab+48b^2$

c) $a^4+2a^3b+a^2b^2$ d) $a^2b^2-2ab^3+b^4$

104 Bestimme den Hauptnenner und berechne:

a) $\frac{6}{3a-1}-\frac{4}{2a+3}$ b) $\frac{2}{5a+2}-\frac{5}{2a-5}$

c) $\frac{3a+4}{a^2-4}-\frac{5}{2(a-2)}$ d) $\frac{2a+3}{a^2-9}-\frac{5}{3(a+3)}$

105 Bestimme den Hauptnenner und berechne:

a) $\frac{a}{a-1}-\frac{2}{4a^2-4a}-\frac{a+1}{2a}$

b) $\frac{2}{4a^2+4a}+\frac{a-1}{2a}-\frac{a}{a+1}$

c) $\frac{8x}{2x+1}-\frac{2}{2x^2+x}-\frac{2x-1}{x}$

106 Bestimme den Hauptnenner und berechne:

a) $\frac{3}{3x^2+x^3}-\frac{1}{9+3x}-\frac{1}{x^2}$ b) $\frac{2}{2x^2+x^3}-\frac{1}{4+2x}-\frac{1}{x^2}$

107 Berechne:

a) $\frac{4x}{4x^2-36}\cdot\frac{2x-6}{2x}$ b) $\frac{1+3x}{2x^2} : \frac{1-9x^2}{4x}$

c) $\frac{x^2-4y^2}{3} : \frac{4x+8y}{2}$ d) $\frac{4x^2-y^2}{2} : \frac{6x+3y}{3}$

5 Gleichungen und Formeln

Eine Gleichung setzt zwei Terme gleich.

T_L	=	T_R
linker Term	=	**rechter Term**

In Gleichungen kommt oft die *Unbekannte* x vor. Ziel ist herausfinden, welche Zahl du für die Unbekannte einsetzen kannst, damit die Gleichung stimmt. Diese Zahl ist eine *Lösung der Gleichung*. Die *Lösungsmenge* enthält alle Lösungen der Gleichung. Äquivalente Gleichnungen haben dieselbe Lösungsmenge.

Du wendest **Äquivalenzumformungen** an, um die Lösung zu finden:
Die Lösungsmenge einer Gleichung verändert sich nicht, wenn wir auf beiden Seiten der Gleichung

- dieselbe Zahl addieren,
- dieselbe Zahl subtrahieren,
- mit derselben Zahl ungleich null multiplizieren,
- durch dieselbe Zahl ungleich null dividieren.

Äquivalenzumformungen können wir nicht nur mit Zahlen, sondern auch mit Termen ausführen.

108 Löse die Gleichung $5x - 13 = 47$ und führe die Probe aus.

Ausführung:

$$\begin{aligned} 5x - 13 &= 47 && \mid +13 \\ 5x &= 60 && \mid :5 \\ x &= 12 \end{aligned}$$

Probe: $T_L(12) = 5 \cdot (12) - 13 = 47$
$T_R(12) = 47$ Stimmt!

109 Löse die Gleichung $46 - 16x = 6$ und gib die Lösungsmenge an!

Ausführung:

$$\begin{aligned} 46 - 16x &= 6 && \mid -46 \\ -16x &= -40 && \mid :(-16) \\ x &= 2{,}5 \end{aligned}$$

Ergebnis: Lösungsmenge $L = \{2{,}5\}$

110 Löse die Gleichung:
$(3x + 4) \cdot (2x - 3) + 8 = 2x\,(3x + 2)$

Ausführung:

$$\begin{aligned} (3x + 4) \cdot (2x - 3) + 8 &= 2x \cdot (3x + 2) \\ 6x^2 + 8x - 9x - 12 + 8 &= 6x^2 + 4x \\ 6x^2 - x - 4 &= 6x^2 + 4x && \mid -6x^2 \\ -x - 4 &= 4x && \mid +x \\ -4 &= 5x && \mid :5 \\ x &= -\tfrac{4}{5} \end{aligned}$$

Ergebnis: $x = -\frac{4}{5}$

Beim Lösen einer Gleichung können folgende **Lösungsfälle** auftreten:

Fall 1: Du erhältst eine Gleichung der Form x = Zahl.
$\Rightarrow$ Die Gleichung hat eine *eindeutige Lösung*.
L = {Zahl}

Fall 2: Du erhältst eine falsche Aussage.
$\Rightarrow$ Die Gleichung hat *keine Lösung*.
$L = \emptyset$

Fall 3: Du erhältst eine wahre Aussage.
$\Rightarrow$ Die Gleichung hat *unendlich viele Lösungen*.
$L = \mathbb{R}$

111 Bestimme die Lösungsmenge:
$12 + 3 \cdot (2 + 5x) = 8x - 7 \cdot (6 - x)$

Ausführung:

$$\begin{aligned} 12 + 3 \cdot (2 + 5x) &= 8x - 7 \cdot (6 - x) \\ 12 + 6 + 15x &= 8x - 42 + 7x \\ 18 + 15x &= 15x - 42 && \mid -18 \\ 15x &= 15x - 60 && \text{f. A.} \end{aligned}$$

Ergebnis:
Egal, welche Zahl du für die Unbekannte x einsetzt, du erhältst immer eine falsche Aussage. Diese Gleichung hat daher keine Lösung: $L = \emptyset$

Formeln aufstellen, umformen und interpretieren

Definition: Eine **Formel** beschreibt einen Zusammenhang zwischen verschiedenen Größen.

Beispiele: $m = \frac{a + b}{2}$ … Mittelwert der Zahlen a und b
$v = \frac{s}{t}$ … mittlere Geschwindigkeit

112 20 % des Nettopreises N sind die Mehrwertsteuer. Nettopeis und Mehrwertsteuer ergeben den Bruttopreis.
Gib eine Formel für den Bruttopreis B an!

Ausführung:

$B = N + 0{,}2 \cdot N = 1{,}2 \cdot N$

113 In einer Firma sind f Frauen und m Männer beschäftigt. Interpretiere die Formeln $f = m + 13$ und $f = 3 \cdot m$ im gegebenen Zusammenhang.

Ausführung:

Überlege jeweils zuerst, was die Formel mathematisch für die Zahlen f und m bedeutet.

$f = m + 13$: f ist um 13 größer als m. Daher: In der Firma arbeiten um 13 Frauen mehr als Männer.

$f = 3 \cdot m$: f ist das Dreifache von m. Daher: Die Firma beschäftigt dreimal so viele Frauen wie Männer.

114 Die Dichte ρ ist definiert durch $\rho = \frac{m}{V}$.
Drücke das Volumen V durch m und ρ aus.

Ausführung:

$$\rho = \frac{m}{V} \qquad | \cdot V$$
$$\rho \cdot V = m \qquad | : \rho$$
$$V = \frac{m}{\rho}$$

115 Die Fläche eines Trapezes beträgt: $A = \frac{(a + c) \cdot h}{2}$
Drücke a durch die restlichen Variablen aus.

Ausführung:

$$\frac{(a + c) \cdot h}{2} = A \qquad | \cdot 2$$
$$(a + c) \cdot h = 2A$$
$$a \cdot h + c \cdot h = 2A \qquad | - c \cdot h$$
$$a \cdot h = 2A - c \cdot h \qquad | : h$$
$$a = \frac{2A}{h} - \frac{c \cdot h}{h}$$

Ergebnis: $a = \frac{2A}{h} - c$

116 Löse die Gleichung und führe die Probe aus.

a) $4x - 5 = 7$
b) $3x + 32 = 11$
c) $8x - 11 = 1$
d) $4x + 21 = 30$
e) $3x + 5 = 8$
f) $8x + 13 = 13$

117 Löse die Gleichung und gib die Lösungsmenge an:

a) $6 - 7x = 20$
b) $12 - 3x = 16$
c) $10 - 5x = 3$
d) $15 - 4x = 2$
e) $8 - 3x = 5x$
f) $2x + 3x = 15$

118 Löse die Gleichung:

a) $(x + 1)(2x - 1) = 2x^2 + 1$
b) $(x - 1)(2x + 1) = 2x^2 - 4$
c) $(x + 2)^2 = x^2 + 16$
d) $(x - 2)^2 = x^2 - 16$
e) $(3x + 2)^2 - 2x(4x + 3) = x^2$
f) $(2x - 3)^2 - 4x(x + 1) = 1$

119 Bestimme die Lösungsmenge:

a) $15 + 7(3x + 4) = 5x + 8(4 + 2x)$
b) $5 - 6(2x - 5) = 2x - 3(7 - 2x)$
c) $4(x - 3) + 5(2x - 1) = 4(2x + 1) - 3(7 - 2x)$
d) $-3(2x - 3) + 5(3 - 4x) = 2(2 - 3x) - 4(5x + 1)$
e) $(x - 1)(2x - 1) = 2x^2 + 3$
f) $(x + 1)(x - 1) + x + 1 = x^2 + x$

120 Gib mithilfe einer Formel an:
Die Zahl b der Personen, die die Prüfung bestanden haben, wenn a Personen angetreten und 18 % durchgefallen sind.

121 Gib mithilfe einer Formel an:
Das ursprüngliche Gehalt G_{alt}, wenn dieses nach einer 2,3%igen Gehaltserhöhung auf G Euro gestiegen ist.

122 Ein PKW verbraucht auf 100 km v Liter Benzin. Ein Liter Benzin kostet p Euro und der PKW legt eine Strecke von s km zurück.
Interpretiere den Term: $\frac{v}{100} \cdot s \cdot p$

123 Eine Gruppe von a Personen geht ins Kino. Eine Kinokarte kostet k Euro. Alle bis auf Jan kaufen Popcorn um p Euro.
Interpretiere den Term: $a \cdot k + (a - 1) \cdot p$

124 Ein Arzt arbeitet in einem Krankenhaus:
5 Wochen arbeitet er jeweils a Stunden,
12 Wochen arbeitet er jeweils b Stunden und
3 Wochen arbeitet er jeweils c Stunden.

a) Interpretiere den Term: $5a + 12b + 3c$
b) Interpretiere den Term: $\frac{5a + 12b + 3c}{20}$

125 a) Drücke die Länge l eines Rechtecks durch seine Fläche A und Breite b aus.
b) Drücke die Breite b eines Rechtecks durch seinen Umfang u und seine Länge l aus.

126 Drücke in der einfachen Zinsformel
$$K = K_0 \cdot \left(1 + \frac{n \cdot p}{100}\right)$$
die Anzahl n der Zinsperioden durch die übrigen Variablen aus.

127 Drücke in der Formel für die Geschwindigkeit
$$v = \frac{s}{t}$$
a) den Weg s,
b) die Zeit t durch die übrigen Variablen aus.

128 Das Volumen eines Kegels oder einer Pyramide ist $V = \frac{G \cdot h}{3}$. Berechne
a) die Höhe h bei gegebenem V und G,
b) die Grundfläche G bei gegebenem V und h.

129 a) Der Oberflächeninhalt eines Zylinders beträgt $O = 2r\pi(r + h)$.
Berechne die Höhe h bei gegebenem O und r.
b) Wenn Radius r und Mantellinie s eines geraden Kreiskegels gegeben sind, gilt $O = r\pi(r + s)$.
Berechne s für gegebenes O und r.

130 Die Fläche eines Kreisrings mit Außenradius r und Dicke d beträgt $A = d\pi(2r - d)$.
Berechne r für gegebenes A und d.

6 Lineare Gleichungssysteme

Ein **lineares Gleichungssystem** in den Unbekannten x und y hat beispielsweise die Form:

$$\begin{aligned} 2x + 3y &= 7 \\ 4x - y &= 7 \end{aligned}$$

Eine Lösung des Gleichungssystems ist ein Zahlenpaar (x, y), welches beide Gleichungen zu einer wahren Aussage macht.

131 Überprüfe, ob das Zahlenpaar (3, 5) eine Lösung des Gleichungssystems ist:

$$\begin{aligned} \text{I:}\quad 5x + 2y &= 25 \\ \text{II:}\quad 3x + 4y &= 29 \end{aligned}$$

Ausführung:

Wir setzen $x = 3$ und $y = 5$ in beide Gleichungen ein:

in I: $5 \cdot 3 + 2 \cdot 5 = 25$, $15 + 10 = 25$ in II: $3 \cdot 3 + 4 \cdot 5 = 29$, $9 + 20 = 29$

Ergebnis: Das Zahlenpaar (3, 5) ist eine Lösung.

Beim **Eliminationsverfahren** gehst du so vor:

1. Multipliziere die Gleichungen I und II so, dass in beiden Gleichungen bis auf das Vorzeichen gleich viele x oder gleich viele y stehen.
2. Addiere die Gleichungen, so dass eine Unbekannte wegfällt (eliminiert wird).
3. Löse die Gleichung in einer Unbekannten und berechne die zweite Unbekannte durch Einsetzen.

132 Löse das Gleichungssystem rechnerisch:

$$\begin{aligned} \text{I:}\quad 2x + 3y &= 7 \\ \text{II:}\quad 4x - y &= 7 \end{aligned}$$

Ausführung:

Multipliziere die zweite Gleichung mit 3. Addiere dann beide Gleichungen: du hast y eliminiert!

$$\begin{array}{rrl} \text{I:} & 2x + 3y = 7 & \\ \text{II:} & 4x - y = 7 & |\cdot 3 \\ \hline \text{I:} & 2x + 3y = 7 & \\ \text{II':} & 12x - 3y = 21 & \\ \hline \text{I + II':} & 14x = 28 & |:14 \\ & x = 2 & \end{array}$$

Setze $x = 2$ in Gleichung I ein! (Ebenso gut könntest du in Gleichung II einsetzen.)

$$\begin{array}{rrl} \text{I:} & 2 \cdot 2 + 3y = 7 & |-4 \\ & 3y = 3 & |:3 \\ & y = 1 & \end{array}$$

Ergebnis: $x = 2$ und $y = 1$

Es gibt oft mehrere Möglichkeiten, Unbekannte zu eliminieren. Du hättest in Beispiel 132 auch Gleichung I mit -2 multiplizieren und danach I' + II addieren können. Dadurch hättest du x eliminiert.

Hinweis: Wende nicht immer dieselbe Regel an. Überlege, welche Variable einfacher zu eliminieren ist!

133 Löse das Gleichungssystem und mach die Probe:

$$\begin{aligned} \text{I:}\quad 5x + 3y &= 5 \\ \text{II:}\quad 12x + 8y &= 14 \end{aligned}$$

Ausführung:

Eliminieren von x erfordert Multiplikationen mit 12 und -5. Einfacher ist es hier, y zu eliminieren:

$$\begin{array}{rrl} \text{I:} & 5x + 3y = 5 & |\cdot 8 \\ \text{II:} & 12x + 8y = 14 & |\cdot(-3) \\ \hline \text{I':} & 40x + 24y = 40 & \\ \text{II':} & -36x - 24y = -42 & \\ \hline \text{I' + II':} & 4x = -2 & |:4 \\ & x = -\frac{1}{2} & \end{array}$$

Setze x in II ein:

$$\begin{array}{rl} -6 + 8y = 14 & |+6 \\ 8y = 20 & |:8 \\ y = \frac{20}{8} = \frac{5}{2} & \end{array}$$

Ergebnis: $x = -\frac{1}{2}$ und $y = \frac{5}{2}$

Probe: I: $5\left(-\frac{1}{2}\right) + 3\left(\frac{5}{2}\right) = 5$, $5 = 5$

II: $12\left(-\frac{1}{2}\right) + 8\left(\frac{5}{2}\right) = 14$, $14 = 14$

Beide Gleichungen ergeben wahre Aussagen. Die Probe stimmt!

Beim Lösen eines Gleichungsystems können folgende **Lösungsfälle** auftreten:

Fall 1: eine Lösung (x, y)

Bsp.:

$$\begin{array}{rl} \text{I:} & x + 2y = 8 \\ \text{II:} & x - 2y = 0 \\ \hline \text{I + II:} & 2x = 8 \Rightarrow x = 4 \Rightarrow y = 2 \end{array}$$

Lösungsmenge: $L = \{(4, 2)\}$

Fall 2: keine Lösung

Bsp.:

$$\begin{array}{rl} \text{I:} & x + 3y = 7 \\ \text{II:} & -x - 3y = 2 \\ \hline \text{I + II:} & 0 = 9 \quad \text{f. A.} \end{array}$$

Lösungsmenge: $L = \varnothing$

Fall 3: unendlich viele Lösungen

Bsp.:

$$\begin{array}{rl} \text{I:} & x + y = 1 \\ \text{II:} & -x - y = -1 \\ \hline \text{I + II:} & 0 = 0 \quad \text{w. A.} \end{array}$$

Lösungsmenge: $L = \{(x, y) \in \mathbb{R}^2 \mid x + y = 1\}$

134 Versuche das Gleichungssystem zu lösen:

$$\text{I: } x - 3y = 2$$
$$\text{II: } -2x + 6y = 4$$

Ausführung:

Multipliziere Gl. I mit 2 und addiere I' + II.

$$\begin{array}{lrl} \text{I:} & x - 3y = 2 & | \cdot 2 \\ \text{II:} & -2x + 6y = 4 & \\ \hline \text{I':} & 2x - 6y = 4 & \\ \text{II:} & -2x + 6y = 4 & \\ \hline \text{I' + II:} & 0 = 8 & \end{array}$$

Die Aussage 0 = 8 ist falsch.
Du kannst versuchen, die Unbekannten auf andere Weise zu eliminieren. Doch alle Rechenwege führen auf widersprüchliche Gleichungen. Das liegt nicht an den Rechenmethoden, sondern am Gleichungssystem selbst.

Ergebnis: Das Gleichungssystem hat keine Lösung. $L = \emptyset$

135 Versuche das Gleichungssystem zu lösen:

$$\text{I: } 5x - 3y = 15$$
$$\text{II: } 10x - 6y = 30$$

Ausführung:

Multipliziere Gl. I mit 2 und subtrahiere I' − II.

$$\begin{array}{lrl} \text{I:} & 5x - 3y = 15 & | \cdot 2 \\ \text{II:} & 10x - 6y = 30 & \\ \hline \text{I':} & 10x - 6y = 30 & \\ \text{II:} & 10x - 6y = 30 & \\ \hline \text{I' − II:} & 0 = 0 & \end{array}$$

Die Aussage 0 = 0 ist wahr, aber sie liefert keine Lösung für x oder y. Trotzdem gibt es Lösungen, die beide Gleichungen erfüllen, beispielsweise $x = 3$, $y = 0$ oder $x = 0$, $y = -5$.
Alle Lösungen findest du, wenn du beliebige x-Werte in Gleichung I einsetzt und daraus y berechnest.

Ergebnis: Das Gleichungssystem hat unendlich viele Lösungen: alle Zahlenpaare (x, y) mit $5x - 3y = 15$.

136 Überprüfe, ob das Zahlenpaar (−5, 7) eine Lösung des Gleichungssystems ist:

$$\text{I: } 2x + 3y = 11$$
$$\text{II: } 5x + 7y = 24$$

137 Überprüfe, ob das Zahlenpaar (9, −5) eine Lösung des Gleichungssystems ist:

$$\text{I: } 8x + 13y = 7$$
$$\text{II: } x + y = 2$$

Aufgaben 138–147: Löse das lineare Gleichungssystem. Versuche immer, einen günstigen Rechenweg zu finden!

138 a) I: $x + y = 5$ II: $x - y = 1$ b) I: $3x + y = 14$ II: $3x - y = 10$

139 a) I: $2x - y = 0$ II: $x + y = 3$ b) I: $x + 3y = 10$ II: $x - 3y = 4$

140 a) I: $2x + 5y = 1$ II: $2x + 7y = 3$ b) I: $3x + 7y = 5$ II: $3x - 5y = -19$

141 a) I: $2x + y = -1$ II: $x + 4y = 17$ b) I: $4x + 3y = 18$ II: $3x - 2y = 22$

142 a) I: $3x + 8y = 5$ II: $-2x + 5y = 7$ b) I: $5x + 3y = -1$ II: $7x + 5y = -7$

143 a) I: $6x - 4y = 8$ II: $3x + 5y = 18$ b) I: $2x - 9y = 1$ II: $x + 6y = 18$

144 a) I: $3x + 5y = 0$ II: $x - 7y = 13$ b) I: $5x + 3y = 0$ II: $6x - 2y = 7$

145 a) I: $8x - 5y = 8$ II: $12x - 7y = 10$ b) I: $8x - 3y = 0$ II: $12x - 8y = 7$

146 a) I: $7x + 4y = 29$ II: $5x - 10y = 10$ b) I: $12x + 2y = 17$ II: $14x - 16y = 40$

147 a) I: $9x - 14y = 5$ II: $8x - 16y = 2$ b) I: $7x - 15y = 10$ II: $9x + y = 23$

Aufgaben 148–152: Versuche das Gleichungssystem zu lösen und stelle fest, welcher Lösungsfall vorliegt.

148 a) I: $x + y = 5$ II: $-x - y = 1$ b) I: $3x + y = 14$ II: $-3x - y = 10$

149 a) I: $4x + 2y = 8$ II: $6x + 3y = 12$ b) I: $2x + y = 3$ II: $2x - y = 1$

150 a) I: $15x + 9y = 12$ II: $10x + 6y = 8$ b) I: $8x + 6y = 15$ II: $12x + 9y = 21$

151 a) I: $3x - 4y = 26$ II: $6x + 8y = -28$ b) I: $4x - 10y = 14$ II: $-6x + 15y = -21$

152 a) I: $8x + 14y = 10$ II: $12x + 21y = 20$ b) I: $10x + 6y = 18$ II: $15x - 9y = 63$

7 Elementare Geometrie

Zum Bezeichnen von *Winkeln* werden griechische Buchstaben verwendet, z. B.:

α alpha	β beta	γ gamma
δ delta	ε epsilon	φ phi

Ebene Figuren[1]

Dreieck	$u = a + b + c$	$A = \frac{c \cdot h_c}{2}$
	$\alpha + \beta + \gamma = 180°$	$A = \frac{a \cdot h_a}{2}$
		$A = \frac{b \cdot h_b}{2}$
Quadrat	$u = 4a$	$A = a^2$ $A = \frac{d^2}{2}$
Rechteck	$u = 2a + 2b$	$A = a \cdot b$
Raute	$u = 4a$	$A = a \cdot h_a$ $A = \frac{e \cdot f}{2}$
Parallelogramm	$u = 2a + 2b$	$A = a \cdot h_a$ $A = b \cdot h_b$
Deltoid	$u = 2a + 2b$	$A = \frac{e \cdot f}{2}$
Trapez	$u = a + b + c + d$	$A = \frac{(a + c) \cdot h}{2}$
Kreis	$u = 2r\pi$	$A = r^2\pi$

Körper[1]

Prisma	$O = 2 \cdot G + M$ $M = u \cdot h$ (u = Umfang der Grundfläche)	$V = G \cdot h$
Pyramide	$O = G + M$	$V = \frac{G \cdot h}{3}$
Zylinder	$O = 2 \cdot G + M$ $O = 2r^2\pi + 2r\pi \cdot h$	$V = G \cdot h$ $V = r^2\pi \cdot h$
Kegel	$O = G + M$	$V = \frac{G \cdot h}{3}$
	$M = r \cdot \pi \cdot s$	$V = \frac{r^2\pi \cdot h}{3}$
Kugel	$O = 4r^2\pi$	$V = \frac{4r^3\pi}{3}$

[1] Siehe dazu auch die Übersicht auf Seite 34!

Pythagoräischer Lehrsatz

Der pythagoräische Lehrsatz gilt für rechtwinklige Dreiecke:

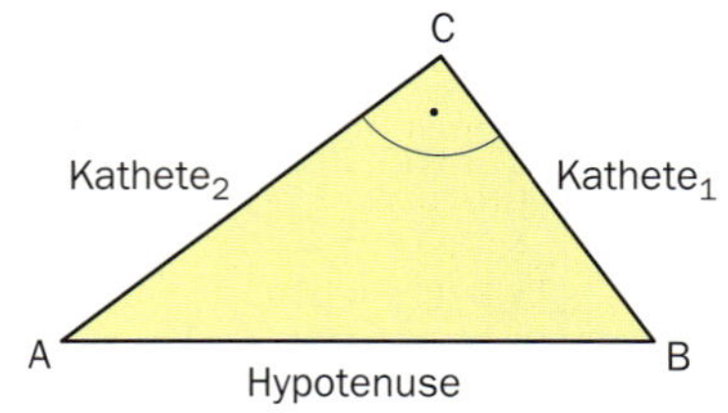

$$\text{Hypotenuse}^2 = \text{Kathete}_1^{\,2} + \text{Kathete}_2^{\,2}$$

Koordinatensystem

Ein Koordinatensystem wird in 4 Quadranten eingeteilt:

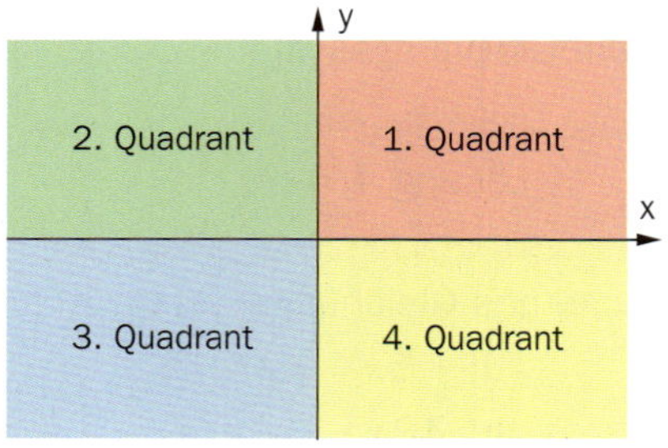

Die **Position eines Punktes** im Koordinatensystem wird durch die *x*-Koordinate und die *y*-Koordinate angegeben.

Beispiel: $P = (3|-2)$ und $Q = (-4|3)$

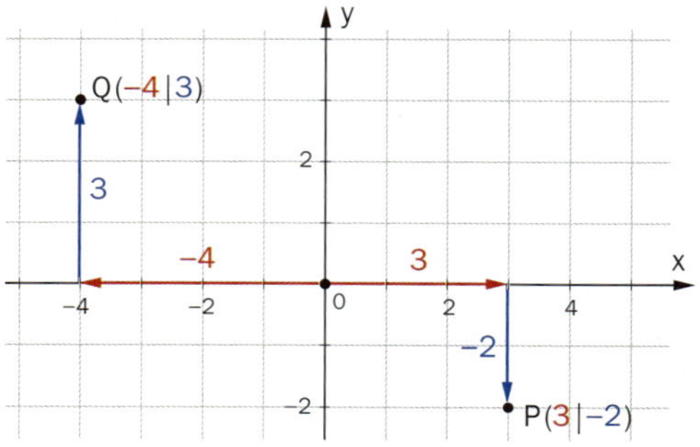

Der **Abstand zweier Punkte** kann mithilfe des pythagoräischen Lehrsatzes bestimmt werden.

Beispiel: Abstand der Punkte $P = (1|1)$ und $Q = (5|4)$.

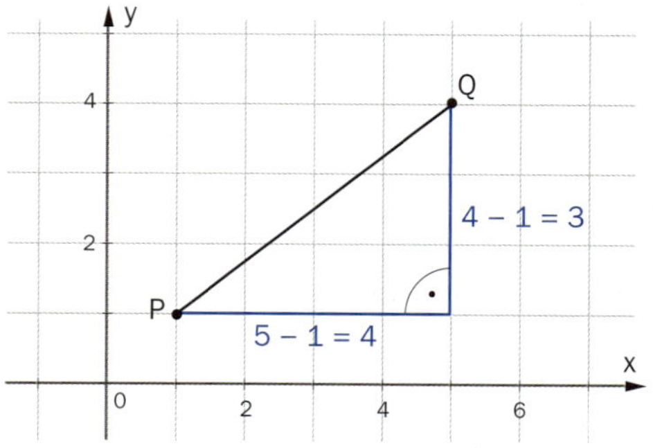

Wir erhalten:

$$\overline{PQ} = \sqrt{4^2 + 3^2} = \sqrt{16 + 9} = \sqrt{25} = 5 \text{ E}$$

Allgemein gilt für $P = (x_1|y_1)$ und $Q = (x_2|y_2)$:

$$\overline{PQ} = \sqrt{(x_2 - x_1)^2 + (y_2 - y_1)^2}$$

153 Spiegle die Strecke CD [$C = (-3|-2)$; $D = (-5|1)$] an der Geraden g, die durch die Punkte $A = (-1|3)$ und $B = (0|-2)$ führt.

Ausführung:

Zeichne eine Normale auf die Gerade g durch den Punkt C, um C zu spiegeln. Der gespiegelte Punkt C' ist gleich weit von g entfernt wie C.

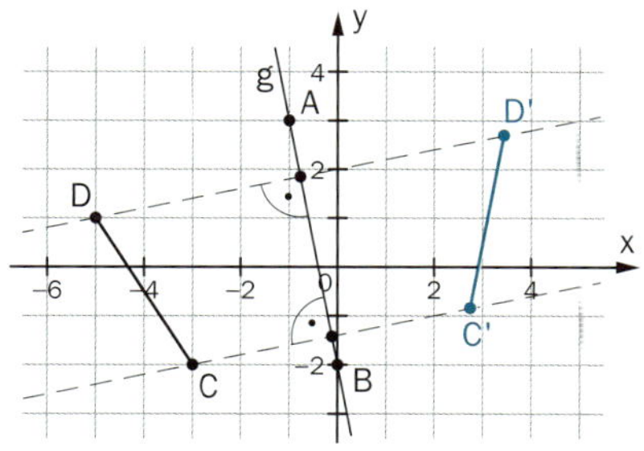

Ergebnis: $C' = (2{,}8|-0{,}8)$; $D' = (3{,}5|2{,}7)$

154 Konstruiere ein Dreieck, für welches gilt:
a) $a = 6$ cm, $b = 74$ mm, $\gamma = 49°$
b) $b = 63$ mm, $\alpha = 58°$, $\gamma = 76°$

155 Berechne den Flächeninhalt:

a)

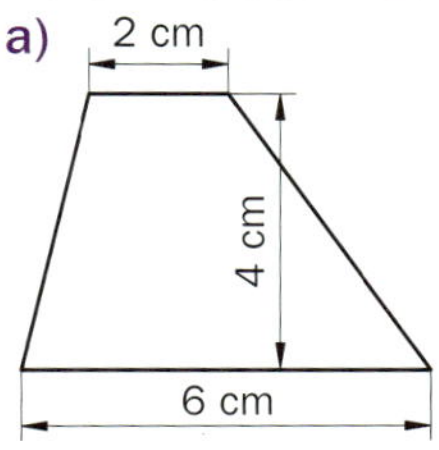

b)

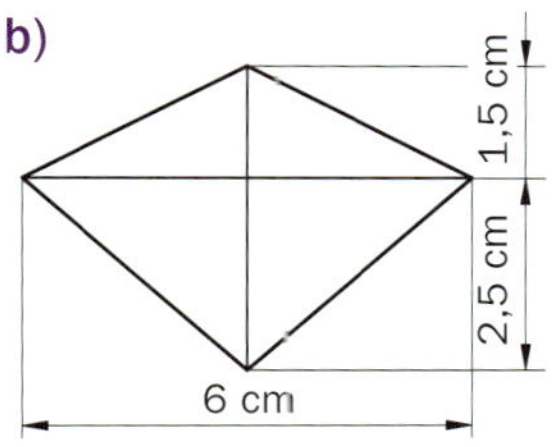

156 Berechne Umfang und Flächeninhalt:

a)

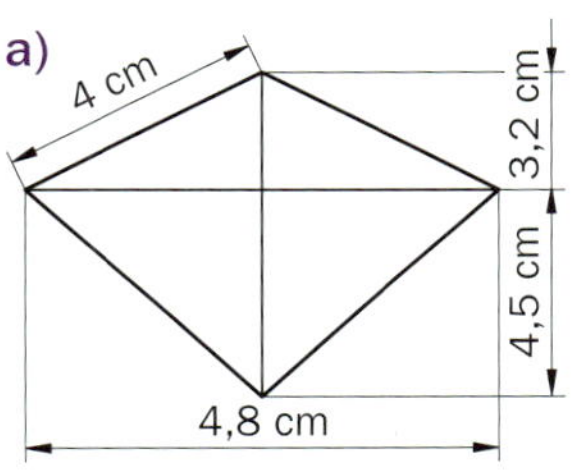

b)

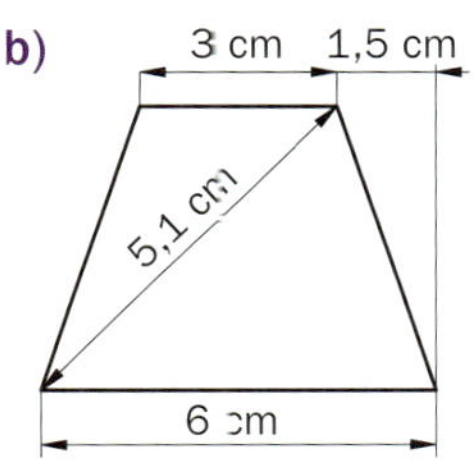

157 Zeichne einen Kreisring mit $r_1 = 3$ cm und $r_2 = 6$ cm und berechne seinen Flächeninhalt.

158 Einem Quadrat mit s = 4 cm wird ein Kreis umschrieben. Berechne den Radius!

159 Von einem rechtwinkligen Dreieck kennst du: $a = 6{,}0$ cm; $A = 7{,}5$ cm^2. Berechne b, c und h_c.

160 Von einem Deltoid kennst du: $a = 2{,}0$ cm; $f = 2{,}4$ cm; $A = 4{,}62$ cm^2. Berechne e und b und konstruiere das Deltoid.

161 Die Scheibe einer Glastüre ist 2 cm dick und hat die Abmessungen 180 cm × 90 cm. Glas hat eine Dichte von ca. 2,5 kg/dm^3. Berechne die Masse der Glasscheibe.

162 Ein Messbecher hat die Form eines Zylinders (Radius 4 cm). Wie hoch steht das Wasser im Becher, wenn 750 ml Wasser eingefüllt wurden?

163 Ein Mehlsilo hat die Form eines Zylinders mit innerem Durchmesser = 2,20 m und Höhe = 4 m. Mehl hat eine Dichte von 0,6 kg/dm^3.
Wie hoch ist der Silo gefüllt, wenn 5 Tonnen Mehl gelagert sind?

164 Ein Trichter aus Edelstahl hat die Form eines Kegels: Höhe = Durchmesser = 10 cm.
Wie viel cm^2 Edelstahl sind zur Herstellung eines derartigen Trichters notwendig?

165 Beim Kugelstoßen der Herren wird eine Eisenkugel mit einem Durchmesser von 12 cm und einer Masse von 7,257 kg verwendet.
Berechne die Dichte der Eisenlegierung.

166 Von einem Rechteck mit $l = 6{,}4$ E und $b = 4{,}5$ E sind folgende Koordinaten bekannt: $A = (1|2)$ und $B = (\ldots|2)$. Zeichne das Rechteck in ein Koordinatensystem und gib die Koordinaten der Punkte B, C und D an.

167 Von einem Rechteck sind gegeben: $l = 5{,}5$ E und $b = 4{,}8$ E; $A = (2|1)$ und $B = (\ldots|1)$.
Zeichne das Rechteck in ein Koordinatensystem und gib die Koordinaten der Punkte B, C und D an.

168 Beschrifte die Eckpunkte und gib ihre Koordinaten an! Berechne den Umfang der Figur.

a)

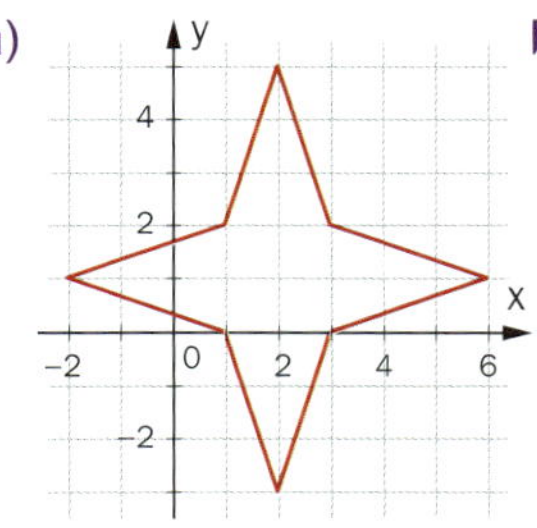

b)

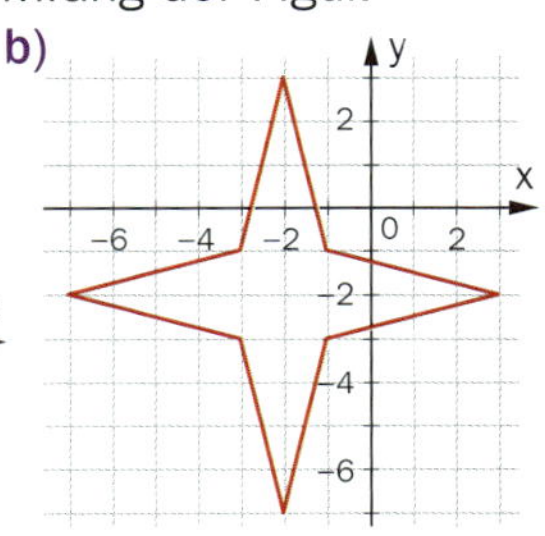

169 Zeichne die Punkte in einem Koordinatensystem und berechne ihren Abstand:
a) $P = (2|1)$, $Q = (5|5)$ b) $P = (-5|-3)$, $Q = (7|2)$
c) $A = (-5|4)$, $B = (3|-2)$ d) $A = (-6|6)$, $B = (9|-2)$

170 Zeichne das Dreieck ABC und berechne den Umfang: $A = (-3|-8)$, $B = (5{,}5|-8)$, $C = (2|4)$

171 Spiegle das Dreieck ABC an der Geraden $g[P, Q]$. Gib die Koordinaten der gespiegelten Punkte an.
$A = (1|2)$, $B = (4|3)$, $C = (2|6)$, $P = (6|5)$, $Q = (5|0)$

172 Spiegle das Rechteck $ABCD$ [$A = (0|2)$, $B = (4|0)$, $C = (5|2)$, D] an der Geraden $g[P, Q]$ mit $P = (4|5)$, $Q = (6|1)$.
Gib die Koordinaten der gespiegelten Punkte an.

8 Funktionale Abhängigkeiten

Eine **Funktion** f ist eine eindeutige Zuordnung. Sie ordnet jedem $x \in \mathbb{D}_f$ genau einen Funktionswert $y \in \mathbb{W}_f$ zu.

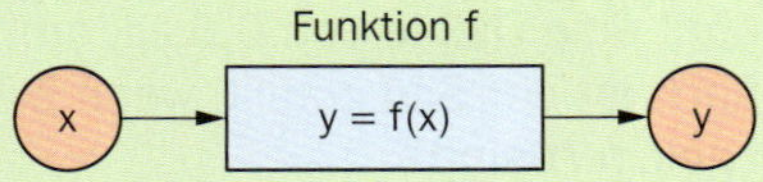

Schreibweisen: $f\colon \mathbb{D}_f \to \mathbb{W}_f,\ x \mapsto y$
$f\colon \mathbb{D}_f \to \mathbb{W}_f,\ y = f(x)$

Bezeichnungen:

x ... **unabhängige Variable** oder **Argument**: Jeder konkrete Wert von x heißt **Stelle**.

y ... **abhängige Variable**: Jeder konkrete Wert von y heißt **Funktionswert**.

Darstellung einer Funktion $f\colon \mathbb{D}_f \to \mathbb{W}_f,\ x \mapsto y$

Pfeildiagramm

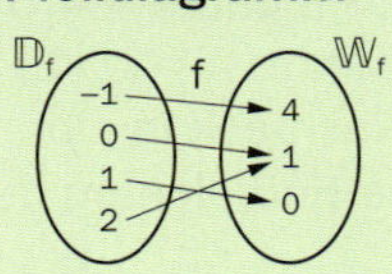

Wertetabelle

x	$f(x)$
−1	4
0	1
1	0
2	1

Funktionsgraph

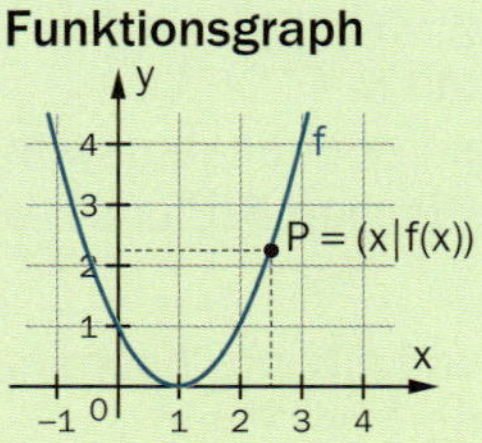

Termdarstellung
Term für den Funktionswert $f(x)$ an der Stelle x:
$f(x) = (x - 1)^2$

173 Jedem Namen wird im Pfeildiagramm seine Haarfarbe zugeordnet.

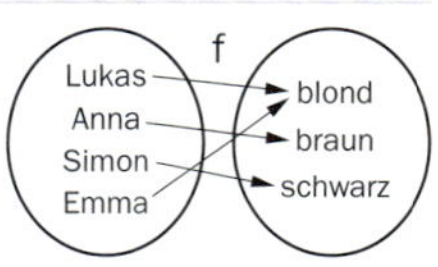

1) Begründe, dass durch die Zuordnung eine Funktion f festgelegt wird.
2) Gib die Definitions- und Wertemenge von f an.
3) Gib Werte für die Stelle x und den Funktionswert y an, sodass $f(Emma) = y$ und $f(x) = schwarz$ ist.

Ausführung:

1) Diese Zuordnung stellt eine Funktion dar, weil jedem Namen genau eine Haarfarbe zugeordnet wird.
2) Die Definitionsmenge enthält alle zulässigen Eingabewerte, das sind alle Namen.
$\mathbb{D}_f$ = {*Lukas*; *Anna*; *Simon*; *Emma*}
Die Wertemenge enthält alle zulässigen Ausgabewerte, das sind alle Haarfarben.
$\mathbb{W}_f$ = {*blond*; *braun*; *schwarz*}
3) $f(Emma)$ ist die Haarfarbe von Emma ⇒ $f(Emma)$ = *blond*
Nur Simon hat eine schwarze Haarfarbe ⇒ $f(Simon)$ = *schwarz*

174 In der Tabelle sind für verschiedene Geschwindigkeiten v (in km/h) die Längen der Bremswege s (in m) eines Autos auf trockener Straße angegeben.

v (in km/h)	s (in m)
20	4
40	16
60	36

Durch die Tabelle wird eine eindeutige Zuordnung $v \mapsto s$ bzw. $s(v)$ beschrieben.

1) Gib die unabhängige und die abhängige Variable an.
2) Gib die Definitions- und Wertemenge an!
3) Interpretiere $s(40) = 16$ im Kontext.

Ausführung:

1) Jeder Geschwindigkeit v wird ein eindeutiger Bremsweg s zugeordnet. ⇒ v ist die unabhängige Variable, s ist die abhängige Variable.
2) $\mathbb{D}_f = \{20;\ 40;\ 60\}$ $\quad \mathbb{W}_f = \{4;\ 16;\ 36\}$
3) Bei einer Geschwindigkeit von 40 km/h beträgt der Bremsweg des Autos 16 m.

175 Eine Funktion h ist durch ihren Graphen gegeben.

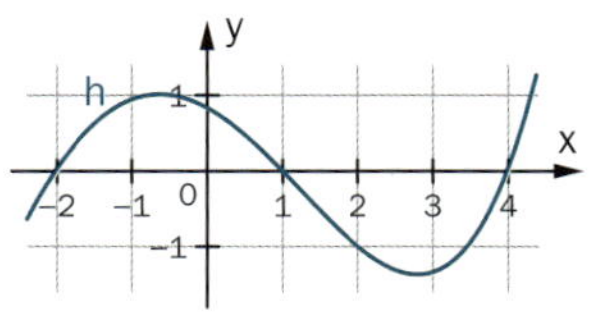

1) Gib den Funktionswert an der Stelle 2 an.
2) Gib alle Stellen an, an denen die Funktion den Wert 0 annimmt.

Ausführung:

1) Der Funktionswert an der Stelle 2 ist die y-Koordinate des Punktes mit x-Koordinate 2.
⇒ $h(2) = -1$
2) Die Funktion h nimmt den Wert 0 an, wenn der Funktionswert gleich 0 ist. Suche daher alle Punkte mit y-Koordinate gleich 0.
⇒ $h(-2) = 0,\ h(1) = 0$ und $h(4) = 0$

176 Die Termdarstellung einer Funktion g ist gegeben: $g(x) = \frac{4}{x^2}$
Zeichne den Graphen der Funktion g für $-3 \le x \le 3$ mit $x \ne 0$ mithilfe einer Wertetabelle.

Ausführung:

x	$g(x)$
−3	0,44
−2	1
−1	4
1	4
2	1
3	0,44

1) Erstelle eine Wertetabelle.
2) Zeichne zu jedem Wertepaar den passenden Punkt in ein Koordinatensystem ein.
$g(-2) = 1 \Rightarrow (-2|1)$
$g(1) = 4 \Rightarrow (1|4)$
3) Verbinde die Punkte so gut wie möglich zu einer glatten Kurve und beschrifte die Funktion.

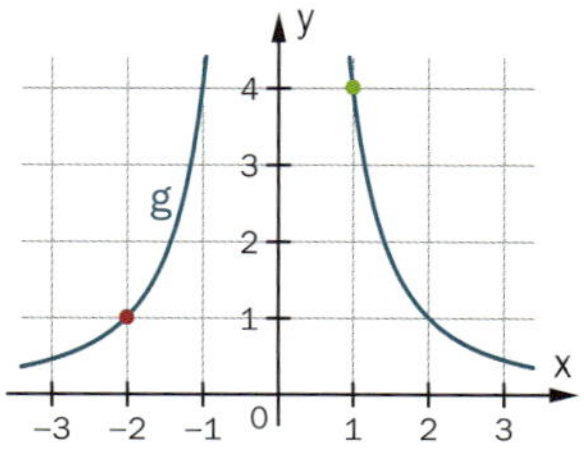

177 Entscheide, ob es sich bei der angegebenen Zuordnung um eine Funktion handelt. Begründe!

a) Person ↦ Wohnort

b) Körpergröße ↦ Schuhgröße

c) Hausnummer ↦ Person

d) Zeit seit der Pflanzung ↦ Höhe eines Baumes

178 Durch ein Pfeildiagramm ist eine Zuordnung festgelegt.

a)

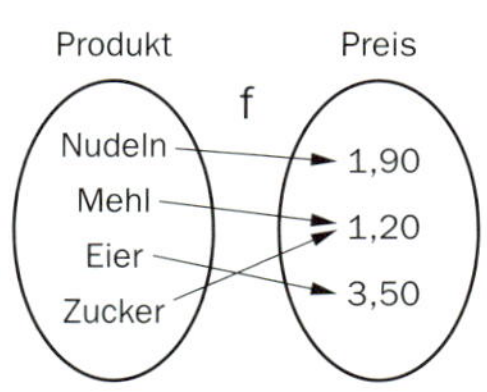

b)

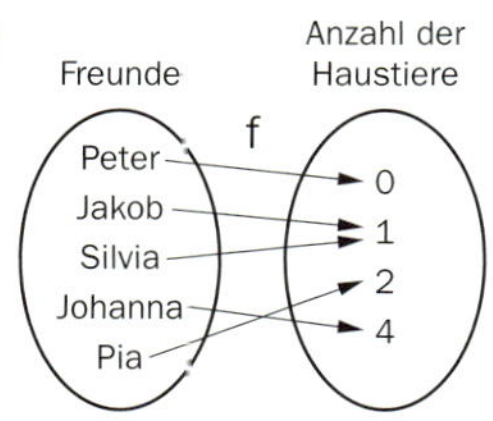

1) Begründe, dass durch die Zuordnung eine Funktion festgelegt wird.

2) Gib die Definitions- und Wertemenge von f an.

3) Gib Werte für die Stelle x und den Funktionswert y an, sodass gilt:
a) $f(Mehl) = y$ und $f(x) = 3{,}50$
b) $f(Jakob) = y$ und $f(x) = 0$

179 Entscheide, ob die gegebene Tabelle die Wertetabelle einer Funktion sein kann. Begründe!
E … Eingabe; A … Ausgabe

a)

E	A
−2	3
−2	3
1	1
2	2

b)

E	A
−4	3
2	3
0	3
−4	3

c)

E	A
1	4
2	1
−2	5
1	1

180 Gegeben ist die Wertetabelle einer Funktion f. Ergänze die Lücken!

a)

x	f(x)
0	4
1	1
2	0
3	2

$f(3) =$ ____
$f(0) =$ ____
$f($____$) = 1$
$f($____$) = 0$

b)

x	f(x)
−2	2
−1	1
1	−1
2	−2

$f(-2) =$ ____
$f(1) =$ ____
$f($____$) = -2$
$f($____$) = 1$

181 Der Flächeninhalt A (in cm^2) eines Quadrats hängt von der Seitenlänge a (in cm) ab. Die Funktion A beschreibt die Zuordnung $a \mapsto A$. Interpretiere folgende Aussagen im Kontext.

a) $A(2) = 4$
b) $A(3) = 9$
c) $A(3) > A(1)$
d) $A(4) < A(5)$
e) $A(5) = A(3) + 16$
f) $A(1) = A(2) - 3$

182 Der Graph einer Funktion g ist gegeben.
1) Ermittle die Funktionswerte $g(-2)$, $g(0)$ und $g(1)$.
2) Gib alle Stellen mit Funktionswert 1 an.

a)

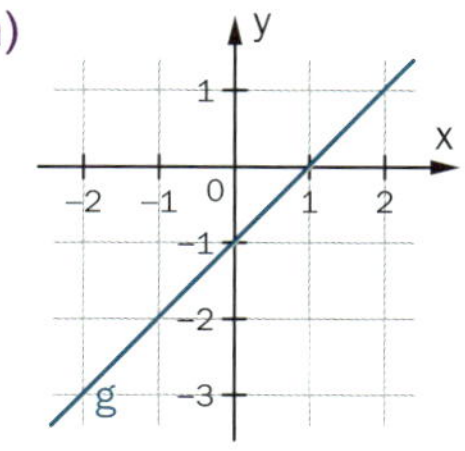

b)

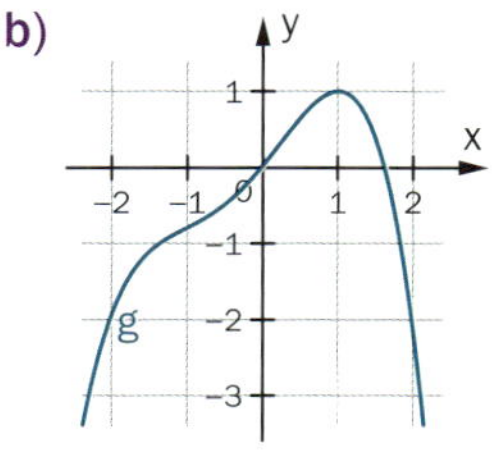

183 Der Graph einer Funktion ist gegeben. Gib eine Wertetabelle der Funktion für $-3 \leq x \leq 3$ an.

a)

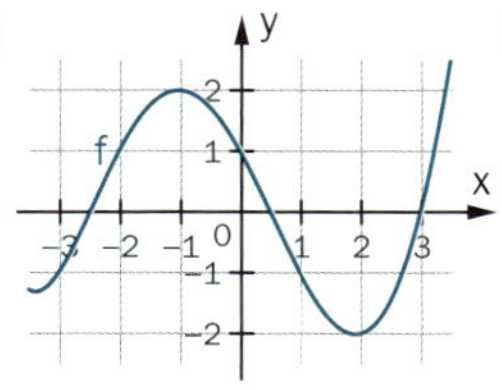

b)

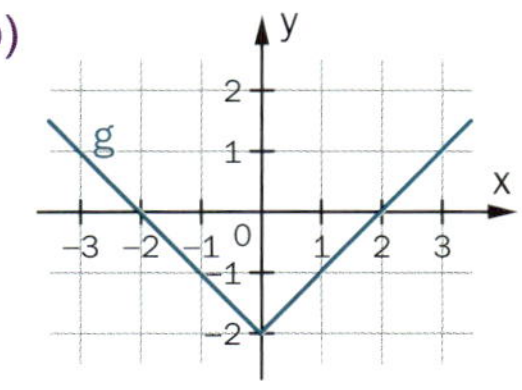

184 Eine Funktion ist durch ihre Wertetabelle gegeben. Zeichne einen passenden Funktionsgraphen.

a)

x	f(x)
−3	−1
−2	0
−1	1
0	2
1	3

b)

x	g(x)
−4	4
−2	1
0	0
2	1
4	4

c)

x	h(x)
−1	5
0	2
1	−1
2	−4
3	−7

185 Die Termdarstellung der Funktion f ist gegeben. Zeichne den Graphen der Funktion f für $-4 \leq x \leq 4$ mithilfe einer Wertetabelle.

a) $f(x) = 2x$
b) $f(x) = 3x - 1$
c) $f(x) = -x + 1$
d) $f(x) = -2x + 3$
e) $f(x) = 0{,}5x$
f) $f(x) = \frac{x}{4}$
g) $f(x) = \frac{x}{3}$
h) $f(x) = -\frac{x+1}{2}$

186 Die Termdarstellung der Funktion f ist gegeben. Zeichne den Graphen der Funktion f für $-3 \leq x \leq 3$ mithilfe einer Wertetabelle.

a) $f(x) = x^2$
b) $f(x) = -x^2$
c) $f(x) = 2x^2$
d) $f(x) = -3x^2$
e) $f(x) = (x+1)^2$
f) $f(x) = (x-3)^2$
g) $f(x) = \frac{x^2}{4}$
h) $f(x) = -\frac{2x^2}{3}$

187 Die Termdarstellung der Funktion f ist gegeben. Zeichne den Graphen der Funktion f im angegebenen Definitionsbereich mithilfe einer Wertetabelle.

a) $f(x) = \frac{1}{x^2}$ für $-3 \leq x \leq 3,\ x \neq 0$
b) $f(x) = \frac{1}{x+2}$ für $-5 \leq x \leq 1,\ x \neq -2$
c) $f(x) = \frac{4}{x^2}$ für $-3 \leq x \leq 3,\ x \neq 0$
d) $f(x) = -\frac{3}{x-1}$ für $-2 \leq x \leq 4,\ x \neq 1$

9 Lineare Funktionen

Eine Funktion f mit Funktionsterm

$$f(x) = k \cdot x + d \quad (k, d \in \mathbb{R})$$

nennen wir eine **lineare Funktion**.

Der Graph einer linearen Funktion ist eine Gerade.

188 Zeichne den Graphen der Funktion f mit $f(x) = 2 \cdot x - 3$ für $x \in [0; 3]$ mithilfe einer Wertetabelle.

Ausführung:

Weil der Graph einer linearen Funktion eine Gerade ist, benötigen wir nur zwei Punkte. Wir wählen Werte für x und berechnen die zugehörigen Funktionswerte:

x	$f(x)$
0	−3
2	1

$x = 0 \Rightarrow f(0) = 2 \cdot 0 - 3 = -3$

$x = 2 \Rightarrow f(2) = 2 \cdot 2 - 3 = 1$

Wir zeichnen zu jedem Wertepaar den passenden Punkt im Koordinatensystem ein. Die Gerade durch die beiden Punkte entspricht dem Graphen von f.

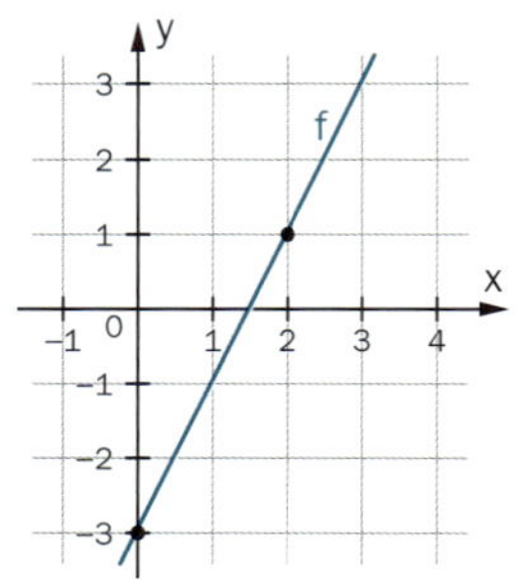

Bedeutung der Parameter k und d

Die Steigung k der Geraden kannst du im **Steigungsdreieck** ablesen.

Wird das Argument x um 1 größer, dann ändert sich der Funktionswert $f(x)$ um den Wert k.

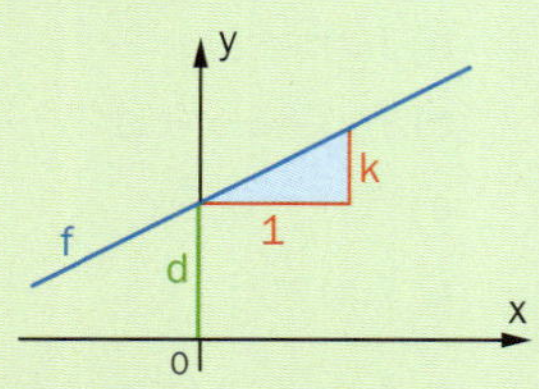

Der Ordinatenabschnitt oder y-Achsen-Abschnitt d gibt an, wo der Funktionsgraph die y-Achse (die Ordinate) schneidet: $d = f(0)$ und der Punkt $(0|d)$ liegt auf dem Graphen der linearen Funktion.

Hinweis: Ein Steigungsdreieck kannst du in jedem beliebigen Punkt des Graphen einzeichnen.

Für die Funktion aus Beispiel **188** gilt:

$k = 2$ und $d = -3$

Diese Werte können im Funktionsgraphen veranschaulicht werden:

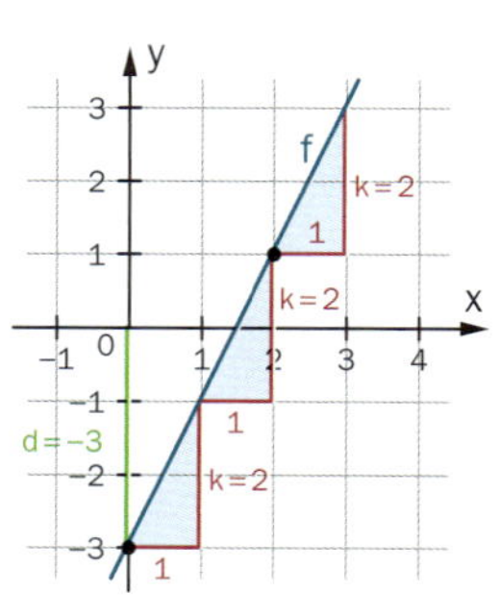

189 Eine lineare Funktion f mit $f(x) = k \cdot x + d$ ist durch ihren Graphen gegeben. Lies die Werte von k und d ab und gib die Termdarstellung der Funktion an.

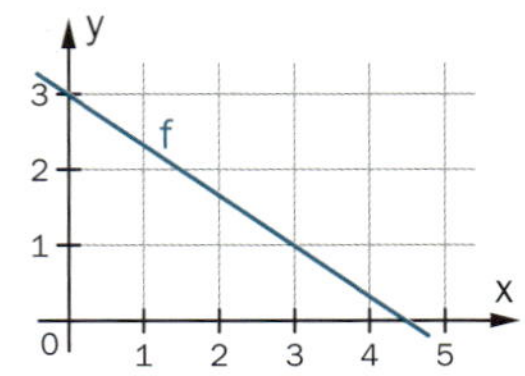

Ausführung:

Wir lesen d auf der y-Achse ab. $\Rightarrow d = +3$

Wir können in dieser Aufgabe bei keinem Steigungsdreieck mit „Breite“ 1 den Wert k exakt ablesen.

Wir wählen daher auf dem Graphen von f zwei Punkte mit ganzzahligen Koordinaten und zeichnen ein vergrößertes Steigungsdreieck ein.

$3k = -2$

$k = -\frac{2}{3}$

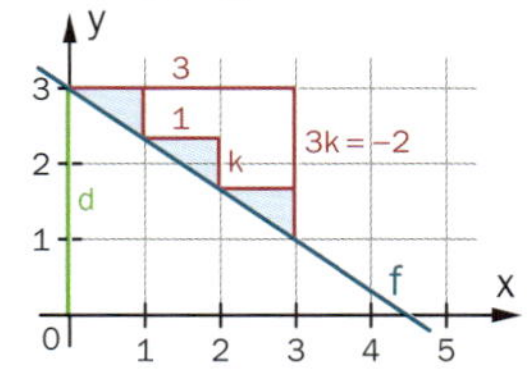

Für die Funktion f gilt: $f(x) = -\frac{2}{3}x + 3$

Lineare Modelle beschreiben den Zusammenhang zwischen zwei Größen mit einer linearen Funktion.

190 Der Preis P (in €) für eine Taxifahrt ist von der zurückgelegten Wegstrecke x (in km) abhängig. Der Preis kann näherungsweise durch die lineare Funktion P mit $P(x) = 1{,}40x + 3{,}80$ beschrieben werden.

1) Zeichne den Graphen der Funktion P.
2) Interpretiere die Werte 1,40 und 3,80 im Kontext.
3) Berechne, wie viel eine 10 km lange Taxifahrt kostet.
4) Berechne, wie weit man zu einem Preis von 25 € fahren kann.

Ausführung:

1) Wir wählen zwei Werte für x und berechnen die zugehörigen Funktionswerte:
$x = 0 \Rightarrow P(0) = 3{,}80$
$x = 8 \Rightarrow P(8) = 15$

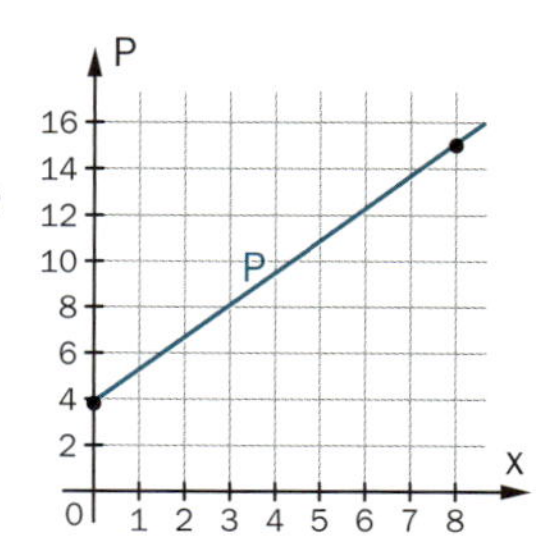

2) Interpretation von 1,40: Der Preis pro gefahrenem Kilometer beträgt 1,40 €.
Interpretation von 3,80: Ab dem Start der Fahrt (also bei 0 km) fällt eine Grundgebühr von 3,80 € an.
3) $P(10) = 1{,}40 \cdot 10 + 3{,}80 = 17{,}80$
Eine 10 km lange Taxifahrt kostet 17,80 €.
4) $P(x) = 25 \Rightarrow 25 = 1{,}40x + 3{,}80$
$x \approx 15{,}1$
Man kann für 25 € etwa 15 km weit fahren.

Aufgaben 191–193: Zeichne den Funktionsgraphen und gib die Werte von k und d an:

191 a) f_1: $f(x) = x - 2$ für $x \in [0; 7]$
b) f_2: $f(x) = -x + 6$ für $x \in [-1; 6]$
c) f_3: $f(x) = 2x - 1$ für $x \in [-1; 2]$
d) f_4: $f(x) = -3x + 2$ für $x \in [-1; 1]$

192 a) f_1: $f(x) = 1{,}5x - 2{,}5$ für $x \in [0; 6]$
b) f_2: $f(x) = 0{,}5x - 1$ für $x \in [-2; 7]$
c) f_3: $f(x) = -1{,}5x + 2{,}5$ für $x \in [-1; 3]$
d) f_4: $f(x) = -0{,}75x - 0{,}5$ für $x \in [-2; 6]$

193 a) f_1: $f(x) = \frac{1}{3}x - 2$ für $x \in [-3; 9]$
b) f_2: $f(x) = \frac{2}{3}x + 1$ für $x \in [-3; 9]$
c) f_3: $f(x) = -\frac{3}{4}x - 2$ für $x \in [-8; 4]$
d) f_4: $f(x) = -\frac{2}{5}x - 3$ für $x \in [-10; 5]$

194 Lies aus dem Graphen die Werte von k und d ab und und gib den Funktionsterm an.

a)
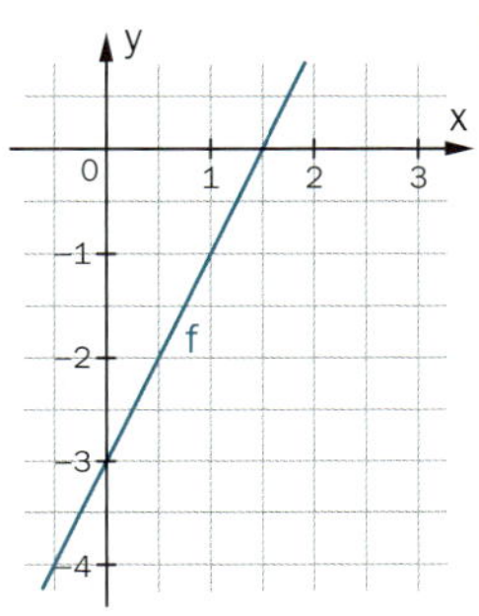
b)
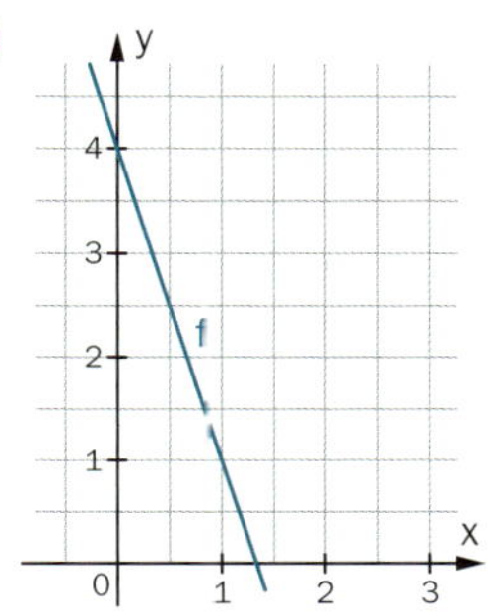
c)
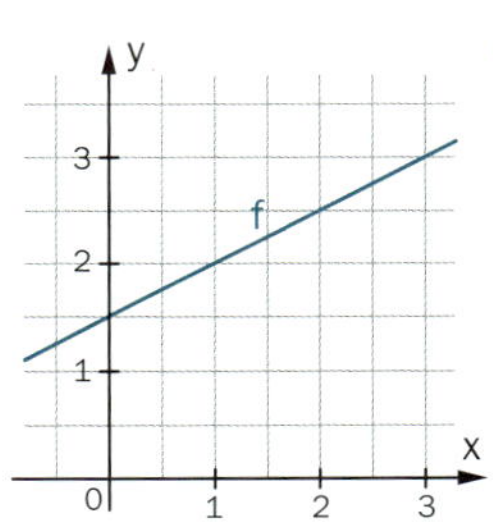
d)
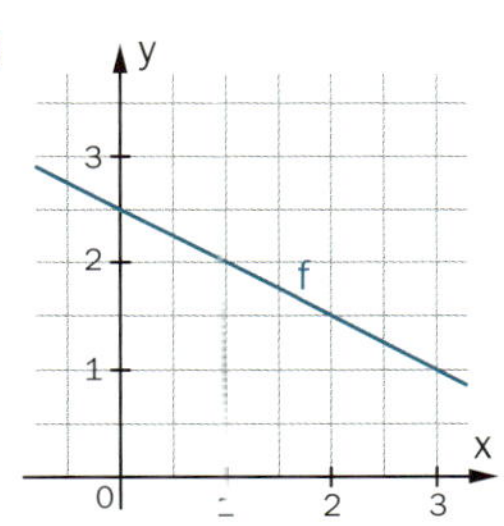

195 Wie 194:

a)
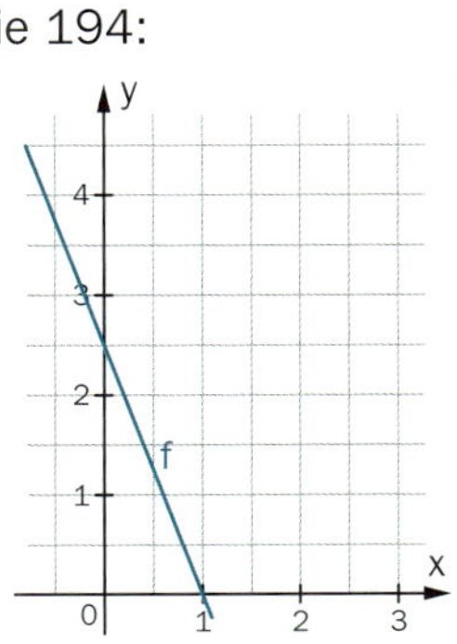
b)
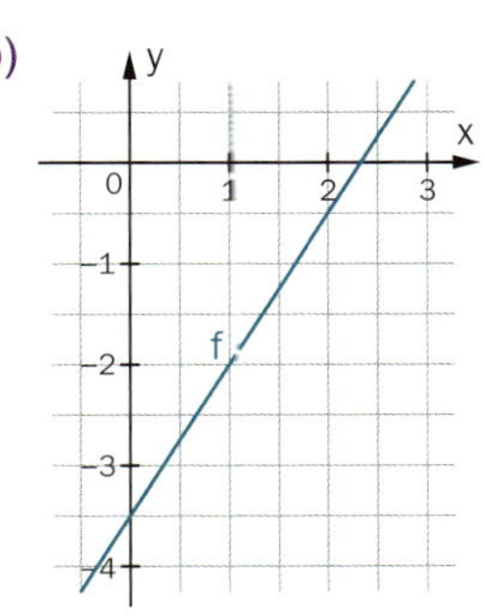
c)
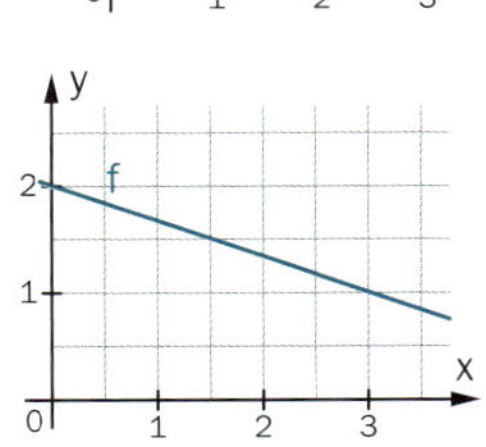
d)
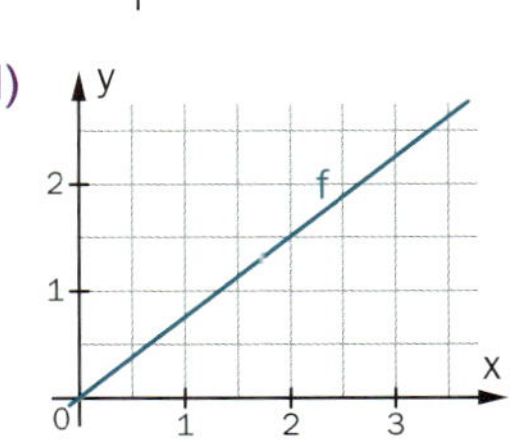

196 Wie 194:

a)
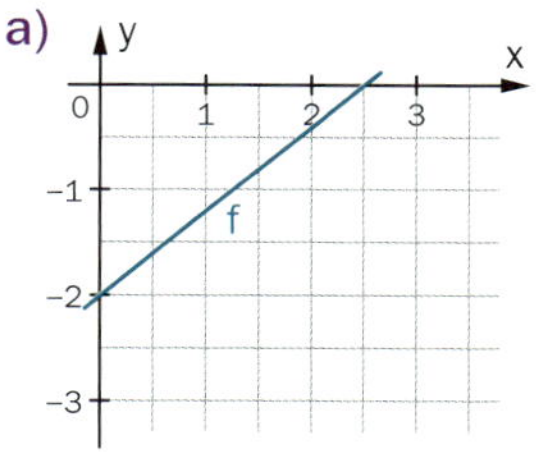
b)
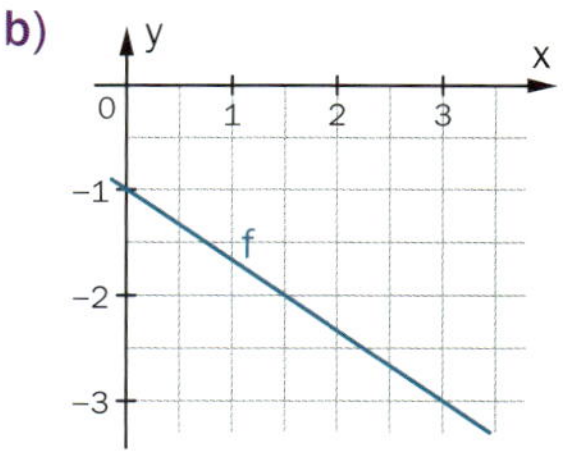

197 Die Wasserhöhe h (in m) in einem Pool ist abhängig von der Zeit t (in h) seit Beginn des Füllvorgangs. Sie kann beschrieben werden durch: $h(t) = 0{,}3t + 1{,}2$

1) Zeichne den Graphen der Funktion h.
2) Interpretiere die Werte 0,3 und 1,2 im Kontext.
3) Berechne, wie hoch das Wasser 3 Stunden nach Beginn des Füllvorgangs steht.
4) Berechne, wie lange es dauert, bis das Wasser 3 m hoch steht.

198 Die Höhe der anfallenden Parkgebühren P (in €) in einem Parkhaus in der Wiener Innenstadt sind abhängig von der Parkdauer t (in h). Für die Höhe der Parkgebühren gilt: $P(t) = 3{,}6t + 4{,}5$

1) Interpretiere die Werte 3,6 und 4,5 im Kontext.
2) Berechne, wie hoch die Gebühren sind, wenn man 4 Stunden parkt.

199 Die Eintrittskarten für ein Konzert kosten 30 € pro Person. Kauft man die Karten online, so fallen einmalig 5 € Bearbeitungsgebühr an.

1) Gib den Term der linearen Funktion P an, welcher den Gesamtpreis bei Onlinebestellung von x Konzertkarten beschreibt.
2) Stelle die lineare Funktion P grafisch dar.

200 Der Standardpreis für Bahnfahrten beträgt 18 Cent/km. Frau Maier löst eine Vorteilscard um 99 € und zahlt damit nur mehr 9 Cent/km.

1) Gib je einen Funktionsterm an, der den Preis P für eine Fahrt von x km mit und ohne Vorteilscard beschreibt.
2) Berechne, wie viel Kilometer Frau Maier mindestens fahren muss, damit sich die Vorteilscard lohnt.

201 Eine Firma hat 2 400 € monatliche Fixkosten. Die Herstellung eines Gerätes kostet 80 €. Jedes Gerät wird um 120 € verkauft.

a) Welche Kosten verursacht die Produktion von x Geräten? Wie groß sind die Einnahmen, wenn x Geräte verkauft werden?
b) Zeichne die Kosten- und die Einnahmenfunktion in ein gemeinsames Koordinatensystem.
c) Berechne, wie viele Geräte die Firma monatlich herstellen und verkaufen muss, um keinen Verlust zu machen.

10 Statistik

Mittelwerte

Arithmetisches Mittel $\bar{x}$: $\bar{x} = \frac{x_1 + x_2 + \ldots + x_n}{n}$

Das arithmetische Mittel $\bar{x}$ von n Daten ist ein *Durchschnittswert*.

Median (Zentralwert) $\tilde{x}$:

- Sortiere die Daten der Größe nach.
- Die Zahl, die in der Mitte steht, ist der Median.
- Wenn zwei Zahlen in der Mitte stehen, ist der Median das arithmetische Mittel dieser Zahlen.

In der geordneten Liste stehen links vom Median gleich viele Werte wie rechts davon.

Der **Modus (Modalwert)** ist jene Zahl (sind jene Zahlen), die am häufigsten vorkommt (vorkommen). Die Angabe eines Modalwertes ist vor allem dann sinnvoll, wenn ein Zahlenwert deutlich öfter vorkommt als alle anderen.

202 Die Mitarbeiter einer Firma erhalten folgende Bruttomonatsbezüge: 870 €, 1 420 €, 1 420 €, 1 780 €, 2 100 €, 3 930 €
Berechne und interpretiere das arithmetische Mittel, den Median und den Modus.

Ausführung:

$\bar{x} = \frac{11\,520}{6} = 1920$

Im Durchschnitt erhalten die Mitarbeiter 1 920 € Gehalt.

$\tilde{x} = \frac{1420 + 1780}{2} = 1600$

Das Medianeinkommen beträgt 1 600 €. Mindestens die Hälfte aller Mitarbeiter erhält höchstens 1 600 €.

Modus = 1 420
Die meisten Mitarbeiter erhalten 1 420 €.
Der Modus ist hier nicht sinnvoll, weil nur zwei Gehälter übereinstimmen.

Bemerkung: Im Beispiel **202** ist das arithmetische Mittel viel höher als der Median, weil die Datenreihe mit 3 930 € einen „Ausreißer" besitzt. Ausreißer wirken sich stark auf das arithmetische Mittel aus, auf den Median und den Modus haben sie kaum bzw. keinen Einfluss.

Streuungsmaße

Spannweite R: $R = x_{max} - x_{min}$
Unterschied zwischen Minimum und Maximum

Standardabweichung s:

$$s = \sqrt{\frac{(x_1 - \bar{x})^2 + (x_2 - \bar{x})^2 + \ldots + (x_n - \bar{x})^2}{n}}$$

Die Standardabweichung s ist ein Maß dafür, wie stark die Daten um $\bar{x}$ streuen.

203 Berechne für die Daten von Beispiel **202** die Spannweite R und die Standardabweichung s.

Ausführung:

$R = 3930 - 870 = 3060$

$$s = \sqrt{\frac{(870-1920)^2 + \ldots + (2100-1920)^2 + (3930-1920)^2}{6}}$$
$$= \sqrt{\frac{1050^2 + 500^2 + 500^2 + 140^2 + 180^2 + 2010^2}{6}} \approx 974$$

Bemerkung: Die durchwegs großen Ergebnisse in Beispiel **203** bestätigen, dass die Bruttomonatsbezüge sehr stark streuen.

Quartile q_1, $q_2 = \tilde{x}$, q_3: Die Quartile teilen eine Datenmenge in Viertel.

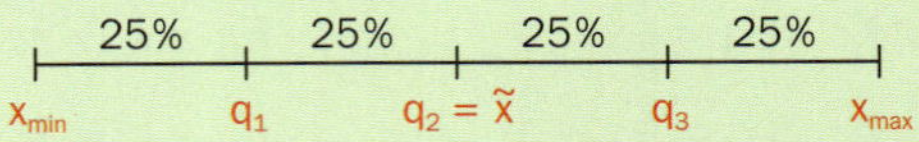

Mindestens 25 % der Daten sind kleiner gleich q_1, mindestens 75 % der Daten sind kleiner gleich q_3.

Quartilabstand: $q_3 - q_1$

204 Die 13 Schüler eines Leichtathletikteams erreichen beim 100-m-Lauf folgende Zeiten (in s):
13,2 13,5 12,9 13,8 14,0 12,9 13,0
13,8 13,2 13,5 13,6 13,7 12,8

Bestimme den Median sowie das 1. und 3. Quartil und interpretiere die Werte.

Ausführung:

untere Hälfte:
12,8
12,9
12,9 } $q_1 = 12,95$
13,0 }
13,2
13,2

13,5 → $\tilde{x} = 13,5$

obere Hälfte:
13,5
13,6
13,7 } $q_3 = 13,75$
13,8 }
13,8
14,0

1. Erstelle aus den Daten eine geordnete Liste.
2. Bestimme den Median: $\tilde{x} = 13,5$
3. Ermittle die Quartile: q_1 ist der Median der unteren Hälfte der Daten, q_3 der Median der oberen Hälfte.
   $q_1 = 12,95$
   $q_3 = 13,75$

Mindestens die Hälfte aller Schüler läuft die 100 m in höchstens 13,5 s.
Mindestens 25 % der Schüler brauchen höchstens 12,95 s.
Mindestens 75 % der Schüler brauchen höchstens 13,75 s.

Häufigkeiten

In Tabellen und Diagrammen stellen wir absolute und relative Häufigkeiten dar:

Eine **absolute Häufigkeit** ist eine *Anzahl* bestimmter Daten.

Eine **relative** oder **prozentuelle Häufigkeit** ist ein *Anteil* bestimmter Daten. Sie wird oft in Prozent angegeben.

$$\text{relative Häufigkeit} = \frac{\text{absolute Häufigkeit}}{\text{Anzahl aller Daten}}$$

Darstellung mit Diagrammen

Säulendiagramm

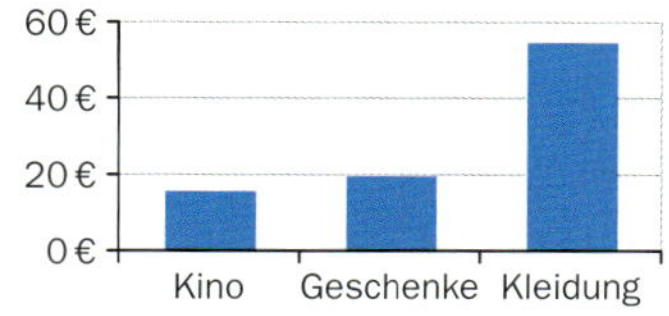

Balkendiagramm

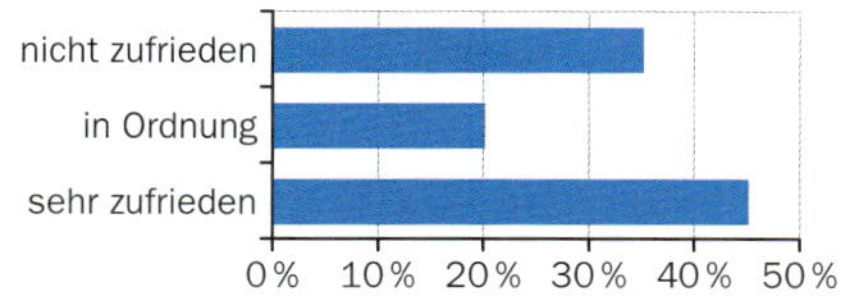

Liniendiagramm

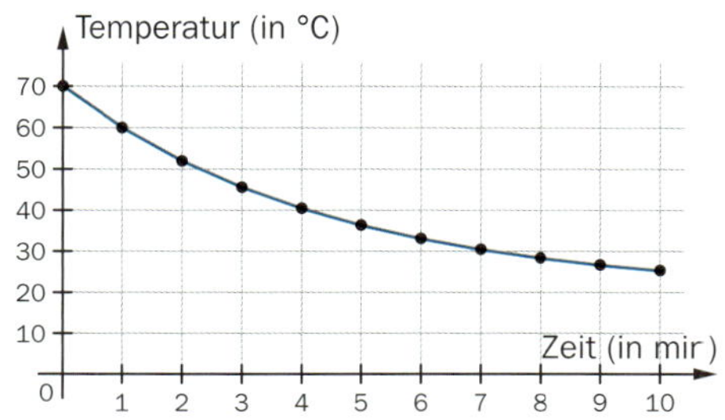

Piktogramm

stock.adobe.com/Atlantis

Kreisdiagramm

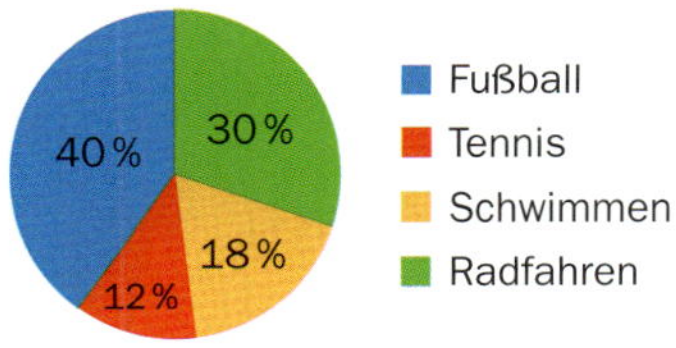

Prozentstreifen

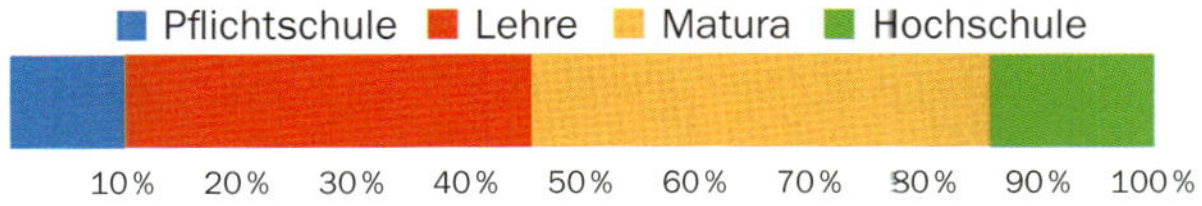

Boxplot

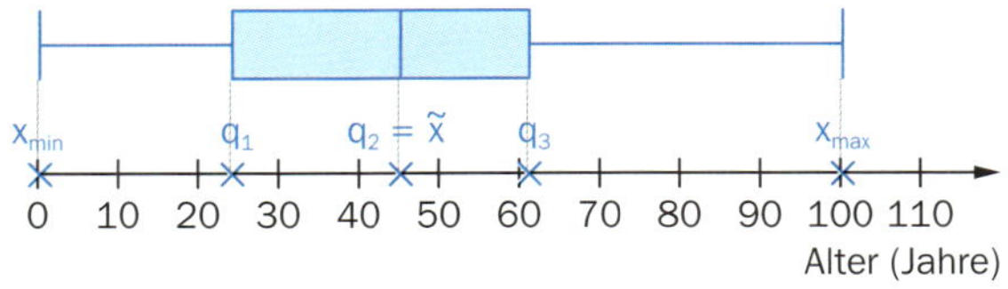

205 Berechne das arithmetische Mittel, den Median, den Modus, die Spannweite und die Standardabweichung.

a) Die Masse von Schultaschen in kg (gerundet): 4, 4, 5, 5, 5, 5, 6, 6, 6, 6, 7, 7

b) In einer Jugendgruppe haben die Kinder folgendes Alter: 10, 13, 13, 13, 13, 14, 14, 14

c) Monatliches Taschengeld in Euro: 15, 15, 16, 16, 16, 17, 17, 17, 18, 18, 18, 19, 19, 19, 19, 20, 20, 21, 22, 22

206 Berechne und interpretiere das arithmetische Mittel, den Median und die beiden Quartilen.

a) In einer Reisegruppe wird das Alter erhoben: 23, 24, 26, 27, 28, 28, 29, 29, 30, 30, 30, 31, 31, 31, 32, 33, 33, 34, 35, 37

b) In einer Klasse wurden bei einer Mathematik-Schularbeit folgende Punktezahlen erreicht: 20, 22, 25, 28, 28, 31, 32, 36, 36, 37, 37, 37, 37, 40, 40, 40, 41, 43, 43, 45, 45, 46, 46, 48

207 Von 30 PKW wird die Zahl der Beifahrer ermittelt: 0, 1, 0, 0, 3, 0, 0, 1, 1, 0, 0, 2, 0, 4, 4, 0, 1, 3, 1, 0, 0, 2, 3, 0, 0, 4, 1, 0, 0, 2

1) Ermittle die absoluten und relativen Häufigkeiten der Anzahl an Beifahrern.

2) Stelle die relativen Häufigkeiten in einem Kreisdiagramm dar.

208 **1)** Ordne die Daten aus Aufgabe **206 a)** in vier Klassen (20–24, 25–29, …). Ermittle die absoluten und relativen Häufigkeiten.

2) Stelle die absoluten Häufigkeiten in einem Säulendiagramm dar.

3) Stelle die relativen Häufigkeiten in einem Kreisdiagramm dar.

209 **1)** Ermittle für die Daten aus Aufgabe **206 b)** die Anzahl der Sehr gut (45–48 Punkte), Gut (38–44 Punkte), Befriedigend (30–37 Punkte), Genügend (24–29 Punkte) und Nicht genügend.

2) Berechne die relative Häufigkeit und stelle sie in einem Prozentstreifen dar.

210 Im Lauf einer Woche wurden in einer steirischen Gemeinde folgende Tageshöchsttemperaturen gemessen: Mo 25 °C, Di 26 °C, Mi 23 °C, Do 21 °C, Fr 18 °C, Sa 22 °C, So 24 °C

Zeichne ein Liniendiagramm!

211 Gib die Werte aller statistischen Kennzahlen an, die aus dem Boxplot herausgelesen werden können.

a)

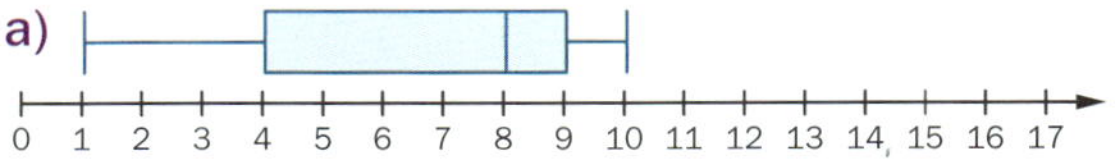

b)

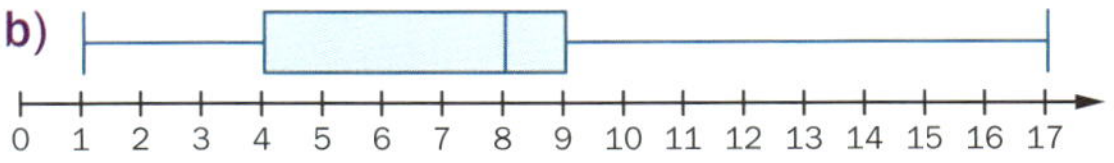

c)

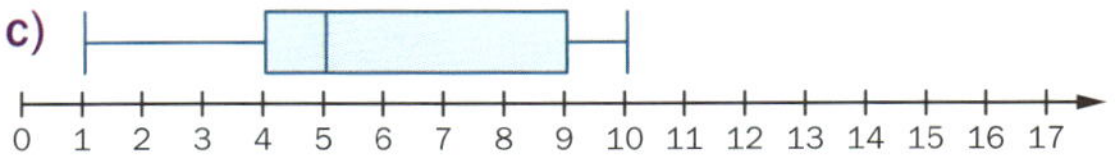

d)

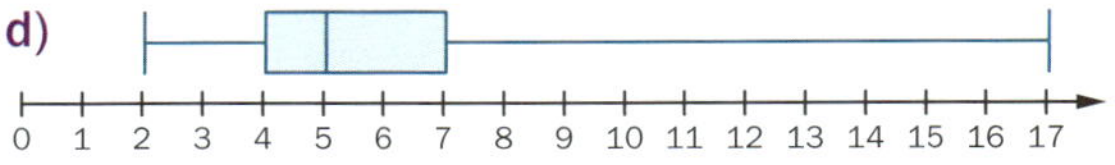

212 Stelle die Daten aus **206 a)** und **b)** in einem Boxplot dar.

Lösungen

1 2; $\sqrt{16} = 4$; 16,0; $\frac{16}{8} = 2$; $\sqrt{36} = 6$

2 −12; $\frac{12}{3} = 4$; 8,0; $\frac{15}{5} = 3$

3 $-\frac{2}{3}$; $\frac{8}{4} = 2$; $1{,}\dot{3} = \frac{4}{3}$; $-3{,}9 = -\frac{39}{10}$; 10; $\sqrt{16} = 4$

4

a)

x		x	x	x

b)

x		x		x

5 108; 46; 820; 736

6 222; 84; 108; 201; 75

7 90; 345; 335; 890; 390

8 a) $2^6 \cdot 5$ b) $2^2 \cdot 3^2 \cdot 5$ c) $2^3 \cdot 5^2$ d) $2 \cdot 3^2 \cdot 7$ e) $3^2 \cdot 5 \cdot 11$

9 a) 3,5 b) 8,3 c) 0,625 d) 2,4 e) $6{,}\dot{3}$ f) 0,95

10 a) 5,25 b) 4,6 c) 37,5 d) $26{,}\dot{6}$ e) 0,97 f) 0,16

11 a) $\frac{4}{5}$ b) $\frac{15}{4}$ c) $\frac{45}{2}$ d) $\frac{71}{10}$ e) $\frac{17}{3}$ f) $\frac{19}{8}$

12 a) $\frac{8}{3}$ b) $\frac{51}{5}$ c) $\frac{5}{4}$ d) $\frac{13}{2}$ e) $\frac{49}{10}$ f) $\frac{17}{5}$

13 a) 135 b) 12 953 c) 2 436 d) 3 132

14 a) 5 b) −4 c) 2 d) −13

15 a) 47 b) −4 c) 133 d) 9

16 a) 17 b) 66 c) 14 d) 99

17 a) $\frac{3}{4}$ b) $\frac{2}{3}$ c) $\frac{1}{3}$ d) $\frac{6}{5}$ e) $\frac{1}{2}$ f) $\frac{8}{5}$

18 a) $\frac{5}{6}$ b) $\frac{8}{9}$ c) $\frac{3}{5}$ d) $\frac{4}{7}$ e) $\frac{5}{9}$ f) $\frac{1}{3}$

19 a) $-\frac{1}{6} = -0{,}1\dot{6}$ b) $\frac{19}{12} = 1{,}58\dot{3}$ c) $\frac{11}{15} = 0{,}7\dot{3}$ d) $\frac{27}{20} = 1{,}35$

20 a) $-\frac{5}{12} = -0{,}41\dot{6}$ b) $\frac{31}{20} = 1{,}55$ c) $-\frac{7}{12} = -0{,}58\dot{3}$ d) $\frac{25}{24} = 1{,}041\dot{6}$

21 a) $\frac{41}{60} = 0{,}68\dot{3}$ b) $\frac{29}{36} = 0{,}80\dot{5}$ c) $\frac{47}{45} = 1{,}0\dot{4}$ d) $\frac{29}{48} = 0{,}6041\dot{6}$

22 a) $\frac{7}{8} = 0{,}875$ b) $\frac{3}{10} = 0{,}3$ c) $\frac{1}{15} = 0{,}0\dot{6}$ d) $\frac{1}{3} = 0{,}\dot{3}$

23 a) $\frac{3}{2} = 1{,}5$ b) 1 c) −1 d) $\frac{3}{2} = 1{,}5$

24 a) $\frac{7}{2} = 3{,}5$ b) $\frac{5}{3} = 1{,}\dot{6}$ c) $\frac{3}{2} = 1{,}5$ d) $\frac{3}{5} = 0{,}6$

25 a) $\frac{3}{7} = 0{,}\overline{428571}$ b) $\frac{2}{3} = 0{,}\dot{6}$ c) $\frac{4}{5} = 0{,}8$ d) $\frac{3}{8} = 0{,}375$

26 a) $\frac{1}{4} = 0{,}25$ b) 1 c) $\frac{2}{3} = 0{,}\dot{6}$ d) $\frac{3}{5} = 0{,}6$

27 a) $\frac{1}{6} = 0{,}1\dot{6}$ b) $\frac{5}{8} = 0{,}625$ c) $\frac{14}{5} = 2{,}8$ d) $\frac{15}{7} = 2{,}\overline{142857}$

28 a) $-\frac{8}{9} = -0{,}\dot{8}$ b) $-\frac{3}{2} = -1{,}5$ c) $-\frac{7}{5} = -1{,}4$ d) $-\frac{9}{7} = -1{,}\overline{285714}$

29 a) 20 b) 40 c) 80 d) 50 e) $\frac{3}{4}$ f) $\frac{2}{5}$ g) $\frac{4}{7}$ h) $\frac{12}{10}$

32 a) 5 cm b) 376 cm c) 25 cm d) 20,3 cm

33 a) 6,05 m b) 380 m c) 1 100 m d) 0,5 m

34 a) 112 dm^2 b) 1,7 dm^2 c) 0,4 dm^2 d) 23 dm^2

35 a) 4,5 cm^3 b) 25 300 cm^3 c) 250 cm^3 d) 0,58 cm^3

36 a) 3 ℓ b) 7 200 ℓ c) 320 ℓ d) 0,75 ℓ

37 a) 0,40 kg b) 3 400 kg c) 1,2 kg d) 1,30 kg

38 a) 4 min b) 15 min c) 0,25 min d) 24 min

39 a) 3° b) $\frac{1}{3}$° c) $\frac{5}{3}$° d) 1,4°

40 a) indirekte Proportion b) keine Proportion c) direkte Proportion

41 5 Personen zahlen 37,50 €.

42 1 kg Schweinefleisch kostet 7,80 €.

43 Der Nährwert von 1 kg Rindfleisch ist 12 500 kJ.

44 Frau Baier braucht 312,50 €.

45 Frau Jäger braucht 400 €.

46 Bei Julia reicht das Taschengeld für 14 Tage.

47 Nach 50 Minuten sind 1 725 Liter Wasser im Becken.

48 Der LKW-Fahrer braucht 30 Minuten.

49 Das Auto verbraucht 6,8 Liter für 100 km.

50 In 15 Minuten fließen 1 700 Liter Heizöl.

51 Mit 28 Liter Benzin kann das Auto eine Strecke von 448 km fahren.

52 Bei 105 km/h braucht der Zug 44 Minuten.

53 Mit 30 Arbeitern dauern die Arbeiten nur 32 Tage.

54 Nach 20 Minuten sind 10,92 m^3 Wasser eingeflossen.

55 a) Der Benzinverbrauch beträgt 5,2 Liter für 100 km.
b) Die Bezinkosten für die Urlaubsreise betragen 70,98 € .

63 Ein Becher Joghurt kostet nun 0,63 €.

64 Die verbilligte Zahnpasta kostet 1,36 €.

65 Der Autofahrer ist um 40% zu schnell.

66 Der Rechnungsbetrag von Claudias Handyrechnung ist um 55% gestiegen.

67 2006 betrug die Weltbevölkerung ca. 6 550 Millionen Menschen.

68 Die DVDs sind um 33% verbilligt.
Hinweis: Um hier die Verbilligung *in Prozent* auszurechnen, musst du nicht wissen, wie viel Euro eine DVD kostet. Verwende 3 und 2 als Grund- bzw. Prozentwert. Wenn es dir lieber ist, kannst du irgendeinen Preis *annehmen*: Angenommen, eine DVD kostet 10 €. Dann kosten die 3 DVDs statt 30 € nur 20 €. Daraus berechnest du leicht eine Verbilligung von 33%.

69 Es gehen 25 Kinder in die 1B.

70 Die Aktie hat zuletzt einen Wert von 826 €.

71 Der Tisch kostet zu Weihnachten 456 €.

72 Der Mann hat 8% zugenommen.

73 Die Getränke sind insgesamt um 23,5% billiger.

74 Der Nettopreis beträgt 45 €.

75 Der Computer kostet 984 € brutto.

76 Karo hat am Ende des Jahres 6 060 € am Sparbuch.

77 Herr Maier muss für 7 Monate Zinsen zahlen. Er hat daher am Jahresende 8 420 € Schulden.

78 $p_{eff} = 1{,}5\% \Rightarrow p = 2\%$
Die Bank zahlt 2% Zinsen.

79 Kapital nach 20 Jahren = 6 949 €

80 Schulden a) nach 5 Jahren = 14 864,13 €
b) nach 10 Jahren = 22 094,24 €

91 a) $0{,}982 \cdot A_{alt}$
b) $0{,}85 \cdot 0{,}9 \cdot P_{alt} = 0{,}765 \cdot P_{alt}$
c) $1{,}032 \cdot 1{,}025 \cdot P_{alt} = 1{,}0578 \cdot P_{alt}$

92 a) $A = 0{,}75 \cdot 0{,}04 \cdot s = 0{,}03 \cdot s$

93 1) $0{,}5s \cdot s$ … halber Flächeninhalt des Quadrats
2) $4s$ … Umfang des Quadrats

94 a) $4a + 6$ b) $-6a + 8$
c) $3a + 2$ d) $a + 6$

95 a) $9a - 3b$ b) $4a$
c) $2b$ d) $-a - 3b$

96 a) $14a^{10}$ b) $12a^{11}$ c) $\frac{2a^4}{5}$ d) $\frac{5}{2a^9}$

97 a) $6a^2 - a$ b) $-14a^2 - a$
c) $4a^2 - 14$ d) $a^2 - 8a - 15$

98 a) $2a + 4$ b) $5a^2 + 32a$
c) $14a + 32$ d) $74a + 40$

99 a) $-4ab - 4b^2$ b) $-24ab$
c) $8a^2 + 8ab$ d) $13a^2 + 13b^2$

100 a) $7a(2a - 3)$ b) $12a^2(4a + 1)$
c) $4a(3a^2 - 2)$ d) $6a(a^2 + 4a - 2)$

101 a) $5a(a^2 - 4a + 8)$ b) $3a(4a^2 - 12a - 3)$
c) $3a^2b(a^2 + 4a + 8)$ d) $2ab^2(a^2 + 2a + 1)$

102 a) $(2a + 5)(2a - 5)$ b) $(a - 2)^2$
c) $a^2(a + 2)(a - 2)$ d) $2a(a + 1)(a - 1)$

103 a) $5(2a + b)^2$ b) $3(a + 4b)^2$
c) $a^2(a + b)^2$ d) $b^2(a - b)^2$

104 a) HN = $(3a - 1)(2a + 3)$; $\frac{22}{(3a - 1)(2a + 3)}$
b) HN = $(5a + 2)(2a - 5)$; $\frac{-21a - 20}{(5a + 2)(2a - 5)}$
c) HN = $2(a + 2)(a - 2)$; $\frac{1}{2(a + 2)}$
d) HN = $3(a + 3)(a - 3)$; $\frac{a + 24}{3(a + 3)(a - 3)}$

105 a) $HN = 4a(a-1)$; $\frac{a}{2(a-1)}$

b) $HN = 4a(a+1)$; $-\frac{a}{2(a+1)}$

c) $HN = x(2x+1)$; $\frac{2x-1}{x}$

106 a) $HN = 3x^2(x+3)$; $-\frac{1}{3x}$

b) $HN = 2x^2(x+2)$; $-\frac{1}{2x}$

107 a) $\frac{1}{x+3}$ b) $\frac{2}{x(1-3x)}$ c) $\frac{x-2y}{6}$ d) $\frac{2x-y}{2}$

116 a) $x = 3$ b) $x = -7$ c) $x = \frac{3}{2}$
d) $x = \frac{9}{4}$ e) $x = 1$ f) $x = 0$

117 a) $L = \{-2\}$ b) $L = \left\{-\frac{4}{3}\right\}$ c) $L = \left\{\frac{7}{5}\right\}$
d) $L = \left\{\frac{13}{4}\right\}$ e) $L = \{1\}$ f) $L = \{3\}$

118 a) $x = 2$ b) $x = 3$ c) $x = 3$
d) $x = 5$ e) $x = -\frac{2}{3}$ f) $x = \frac{1}{2}$

119 a) $L = \varnothing$ b) $L = \left\{\frac{14}{5}\right\}$ c) $L = \mathbb{R}$
d) $L = \varnothing$ e) $L = \left\{-\frac{2}{3}\right\}$ f) $L = \mathbb{R}$

120 $b = 0{,}82 \cdot a$

121 $G_{alt} = \frac{G}{1{,}023}$

122 Benzinkosten für eine Strecke von s km

123 Ausgaben für die Kinokarten und das Popcorn

124 a) Gesamtarbeitszeit über die 20 Wochen in Stunden

b) durchschnittliche Wochenarbeitszeit in Stunden

125 a) $l = \frac{A}{b}$ b) $b = \frac{u}{2} - l$

126 $n = \frac{100(K - K_0)}{p \cdot K_0}$

127 a) $s = v \cdot t$ b) $t = \frac{s}{v}$

128 a) $h = \frac{3V}{G}$ b) $G = \frac{3V}{h}$

129 a) $h = \frac{O}{2\pi r} - r$ b) $s = \frac{O}{\pi r} - r$

130 $r = \frac{\pi d^2 + A}{2d\pi}$

136 Das Zahlenpaar (−5, 7) ist eine Lösung des Gleichungssystems.

137 Das Zahlenpaar (9, −5) ist keine Lösung des Gleichungssystems, weil die zweite Gleichung zu einer falschen Aussage führt.

138 a) $x = 3$ und $y = 2$ b) $x = 4$ und $y = 2$

139 a) $x = 1$ und $y = 2$ b) $x = 7$ und $y = 1$

140 a) $x = -2$ und $y = 1$ b) $x = -3$ und $y = 2$

141 a) $x = -3$ und $y = 5$ b) $x = 6$ und $y = -2$

142 a) $x = -1$ und $y = 1$ b) $x = 4$ und $y = -7$

143 a) $x = \frac{8}{3}$ und $y = 2$ b) $x = 8$ und $y = \frac{5}{3}$

144 a) $x = \frac{5}{2}$ und $y = -\frac{3}{2}$ b) $x = \frac{3}{4}$ und $y = -\frac{5}{4}$

145 a) $x = -\frac{3}{2}$ und $y = -4$ b) $x = -\frac{3}{4}$ und $y = -2$

146 a) $x = \frac{11}{3}$ und $y = \frac{5}{6}$ b) $x = \frac{8}{5}$ und $y = -\frac{11}{10}$

147 a) $x = \frac{13}{8}$ und $y = \frac{11}{16}$ b) $x = \frac{5}{2}$ und $y = \frac{1}{2}$

148 a) und b) Das Gleichungssystem hat keine Lösung, $L = \varnothing$.

149 a) Das Gleichungssystem hat unendlich viele Lösungen: Zahlenpaare (x, y) mit $4x + 2y = 8$

b) Das Gleichungssystem ist eindeutig lösbar: $x = 1$ und $y = 1$

150 a) Das Gleichungssystem hat unendlich viele Lösungen: Zahlenpaare (x, y) mit $10x + 6y = 8$

b) Das Gleichungssystem hat keine Lösung, $L = \varnothing$

151 a) Das Gleichungssystem ist eindeutig lösbar: $x = 2$ und $y = -5$

b) Das Gleichungssystem hat unendlich viele Lösungen: Zahlenpaare (x, y) mit $4x - 10y = 14$

152 a) Das Gleichungssystem hat keine Lösung, $L = \varnothing$

b) Das Gleichungssystem ist eindeutig lösbar: $x = 3$ und $y = -2$

154 a)

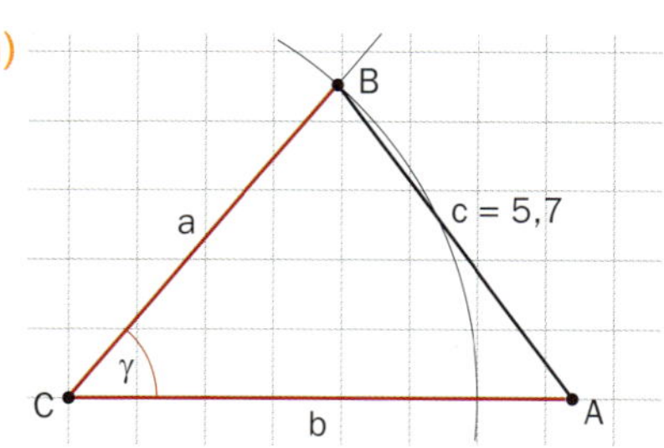

b)

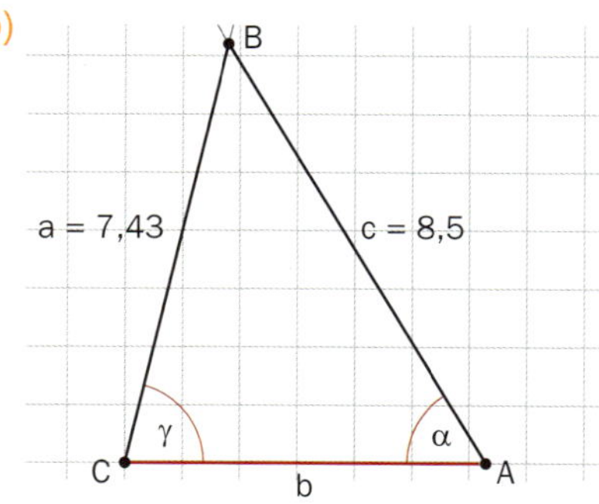

155 a) $A = 16\ \text{cm}^2$ b) $A = 12\ \text{cm}^2$

156 a) $u = 18{,}2\ \text{cm}$; $A = 18{,}48\ \text{cm}^2$
b) $u \approx 14{,}66\ \text{cm}$; $A = 10{,}8\ \text{cm}^2$

157 $A = 27\pi\ \text{cm}^2 \approx 84{,}82\ \text{cm}^2$

158 $r = \sqrt{8}\ \text{cm} \approx 2{,}83\ \text{cm}$

159 $b = 2{,}5\ \text{cm}$; $c = 6{,}5\ \text{cm}$;
$h_c \approx 2{,}31\ \text{cm}$

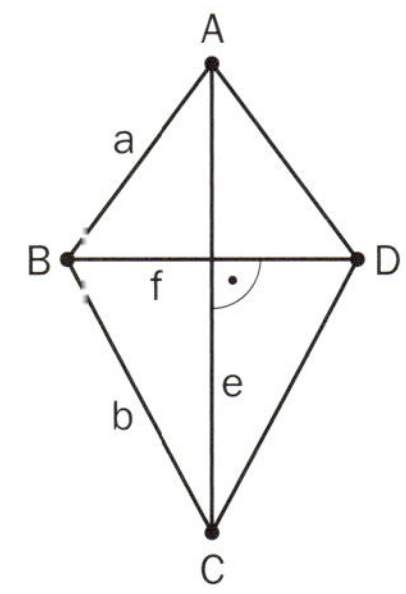

160 $e = 3{,}85\ \text{cm}$; $b = 2{,}55\ \text{cm}$

161 $V = 32{,}4\ \text{dm}^3$; $m = 81\ \text{kg}$

162 Das Wasser steht 14,9 cm hoch.

163 Fassungsvermögen ≈ 9,1 Tonnen Mehl
Der Silo ist bis zu einer Höhe von ca. 2,2 m gefüllt.

164 $M = r\pi s = 25\pi\sqrt{5} \approx 175{,}6$
Man braucht ca. 176 cm^2 Edelstahl.

165 a) $V = 288\pi \approx 904{,}78\ \text{cm}^3$
b) $\rho = \frac{m}{V} \approx 8{,}02\ \text{kg/dm}^3$

166 $B = (7{,}4\,|\,2)$, $C = (7{,}4\,|\,6{,}5)$, $D = (1\,|\,6{,}5)$

167 $B = (7{,}5\,|\,1)$, $C = (7{,}5\,|\,5{,}8)$, $D = (2\,|\,5{,}8)$

168 a) $A = (-2\,|\,1)$, $B = (1\,|\,0)$, $C = (2\,|\,-3)$, $D = (3\,|\,0)$, $E = (6\,|\,1)$, $F = (3\,|\,2)$, $G = (2\,|\,5)$, $H = (1\,|\,2)$,
$u \approx 25{,}3$ E
b) $A = (-7\,|\,-2)$, $B = (-3\,|\,-3)$, $C = (-2\,|\,-7)$, $D = (-1\,|\,-3)$, $E = (3\,|\,-2)$, $F = (-1\,|\,-1)$, $G = (-2\,|\,3)$, $H = (-3\,|\,-1)$,
$u \approx 33{,}0$ E

169 a) 5 E b) 13 E
c) 10 E d) 17 E

170 $u = 34$ E

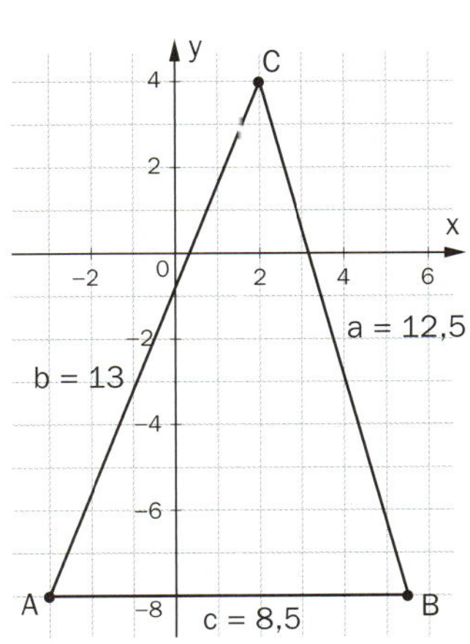

171 $A' = (9{,}5\,|\,0{,}3)$, $B' = (7{,}1\,|\,2{,}4)$, $C' = (10{,}1\,|\,4{,}4)$

172 $A' = (8{,}8\,|\,6{,}4)$, $B' = (8\,|\,2)$, $C' = (5{,}8\,|\,2{,}4)$,
$D' = (6{,}6\,|\,6{,}8)$

177 a) Ja, es handelt sich um eine Funktion. Jeder Person kann ein eindeutiger Wohnort zugeordnet werden.
b) Nein, es handelt sich nicht um eine Funktion. Personen mit einer bestimmten Körpergröße können unterschiedliche Schuhgrößen haben.
c) Nein, es handelt sich nicht um eine Funktion. Mehrere Personen können dieselbe Hausnummer haben.
d) Ja, es handelt sich um eine Funktion. Nach einer bestimmten Zeit hat ein Baum eine bestimmte, eindeutige Höhe erreicht.

178 a) 1) Diese Zuordnung stellt eine Funktion dar, weil jedem Produkt genau ein Preis zugeordnet wird.
2) $\mathbb{D}_f$ = {Nudeln; Mehl; Eier; Zucker},
$\mathbb{W}_f$ = {1,20; 1,90; 3,50}
3) $y = 1{,}20$; x = Eier
b) 1) Diese Zuordnung stellt eine Funktion dar, weil jedem Freund eine eindeutige Anzahl an Haustieren zugeordnet wird.
2) $\mathbb{D}_f$ = {Peter; Jakob; Silvia; Johanna; Pia},
$\mathbb{W}_f$ = {0; 1; 2; 4}
3) $y = 1$; x = Peter

179 a) Ja, sie kann die Wertetabelle einer Funktion sein. Jede Eingabe hat einen eindeutigen Ausgabewert.
b) Ja, sie kann die Wertetabelle einer Funktion sein. Jede Eingabe hat einen eindeutigen Ausgabewert.
c) Nein, sie kann nicht die Wertetabelle einer Funktion sein. Die Eingabe 1 führt nämlich zu unterschiedlichen Ausgabewerten.

180 a) $f(3) = 2$; $f(0) = 4$; $f(1) = 1$; $f(2) = 0$
b) $f(-2) = 2$; $f(1) = -1$; $f(2) = -2$; $f(-1) = 1$

181 a) Ein Quadrat mit Seitenlänge 2 cm hat einen Flächeninhalt von 4 cm^2.
b) Ein Quadrat mit Seitenlänge 3 cm hat einen Flächeninhalt von 9 cm^2.
c) Ein Quadrat mit Seitenlänge 3 cm hat größeren Flächeninhalt als ein Quadrat mit Seitenlänge 1 cm.
d) Ein Quadrat mit Seitenlänge 4 cm hat kleineren Flächeninhalt als ein Quadrat mit Seitenlänge 5 cm.
e) Der Flächeinhalt eines Quadrats mit 5 cm Seitenlänge ist um 16 cm^2 größer als der Flächeninhalt eines Quadrats mit 3 cm Seitenlänge.
f) Der Flächeinhalt eines Quadrats mit 1 cm Seitenlänge ist um 3 cm^2 kleiner als der Flächeninhalt eines Quadrats mit 2 cm Seitenlänge.

182 a) 1) $g(-2) = -3;\ g(0) = -1;\ g(1) = 0;$

2) An der Stelle 2 hat die Funktion den Funktionswert 1.

b) 1) $g(-2) = -2;\ g(0) = 0;\ g(1) = 1$

2) An der Stelle 1 hat die Funktion den Funktionswert 1.

183 a)

x	$f(x)$
−3	−1
−2	1
−1	2
0	1
1	−1
2	−2
3	0

b)

x	$g(x)$
−3	1
−2	0
−1	−1
0	−2
1	−1
2	0
3	1

184 a)

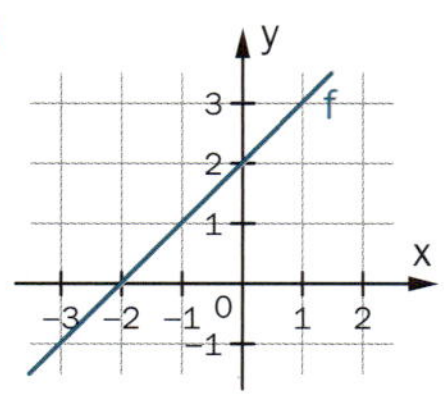

b)

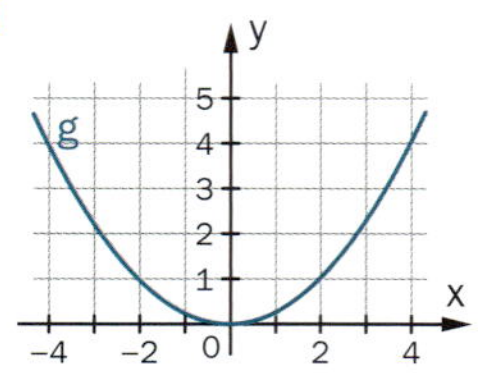

c)

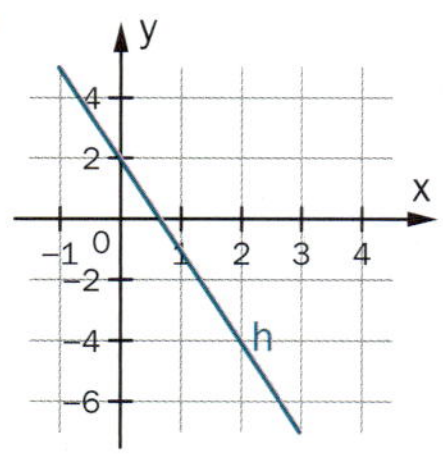

185 a)

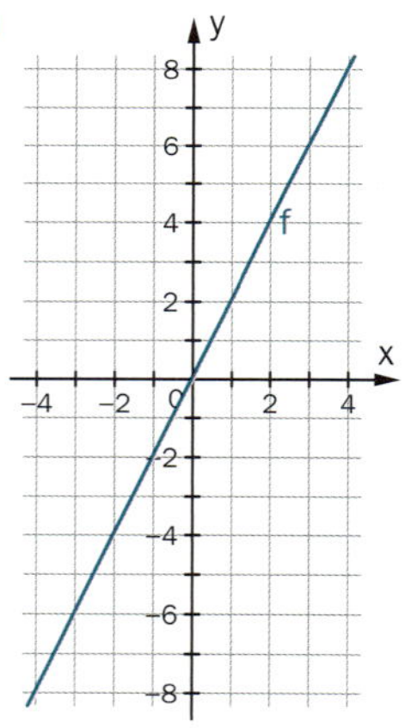

b)

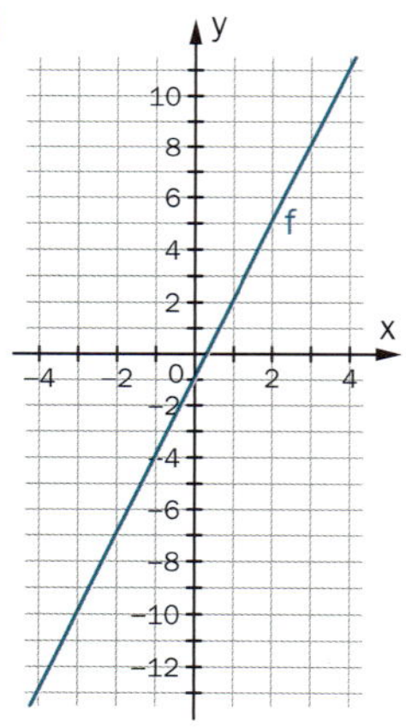

c)

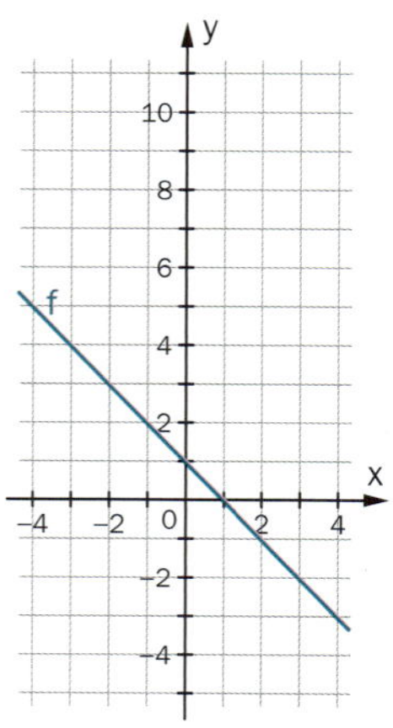

d)

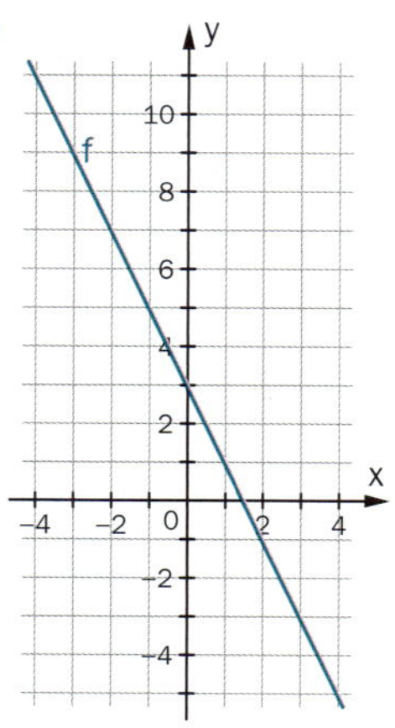

e)

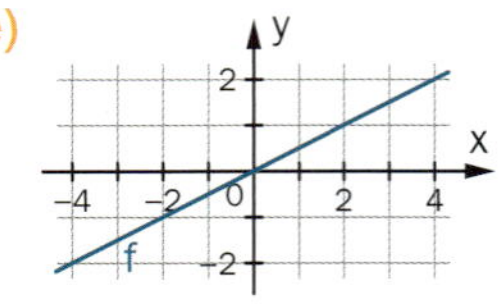

f)

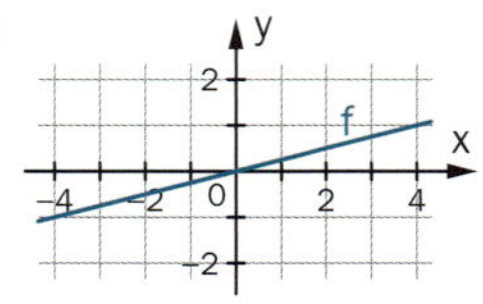

g)

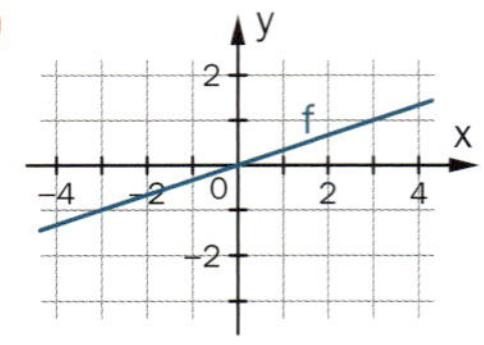

h)

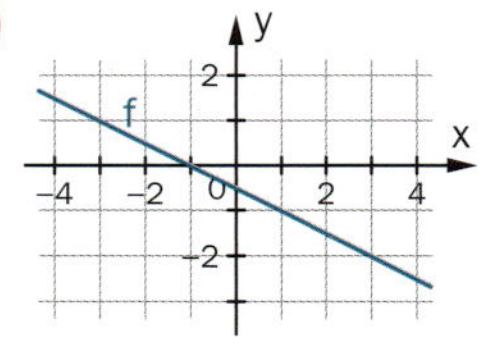

186 a)

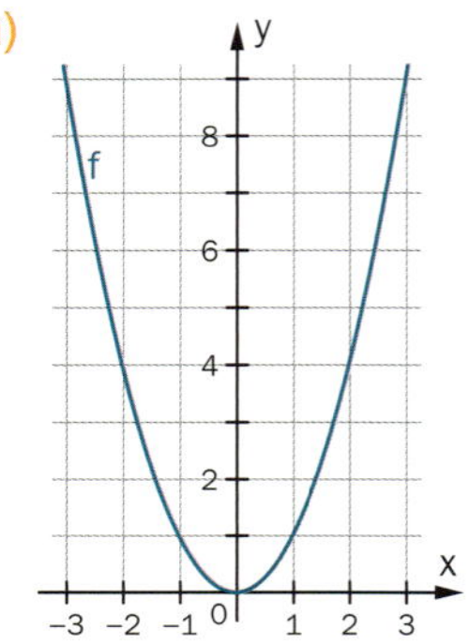

b)

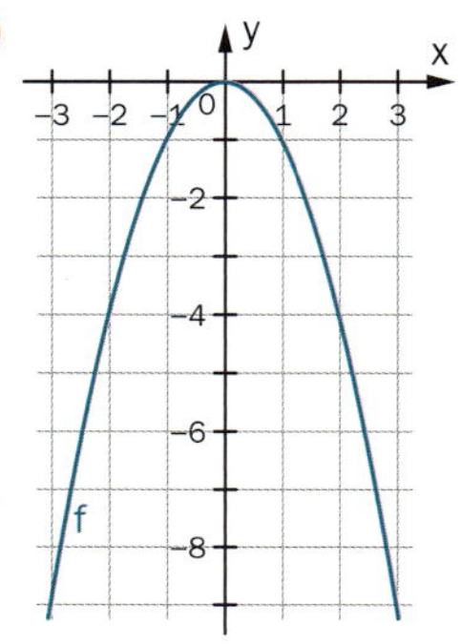

c)

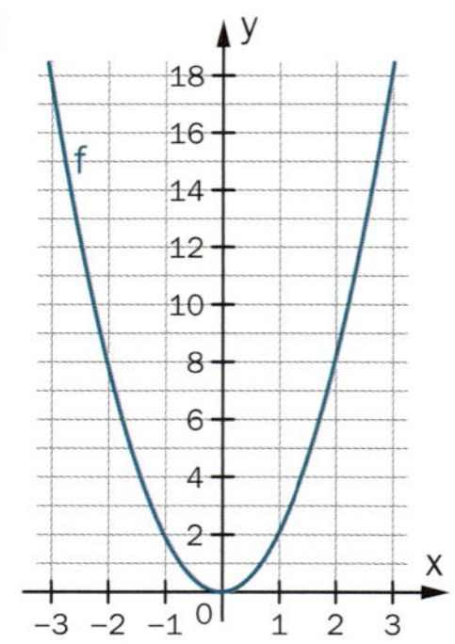

d)

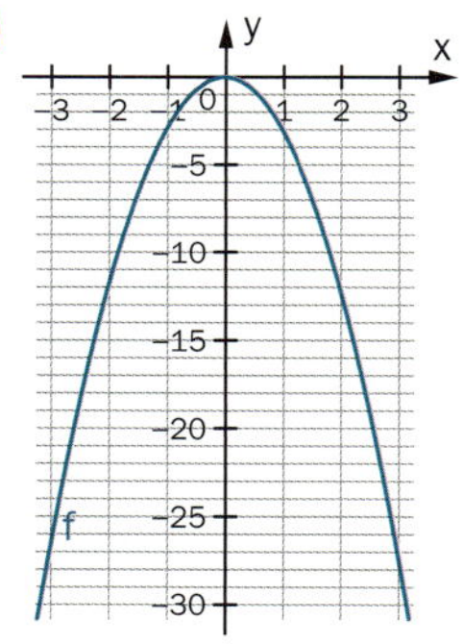

e)

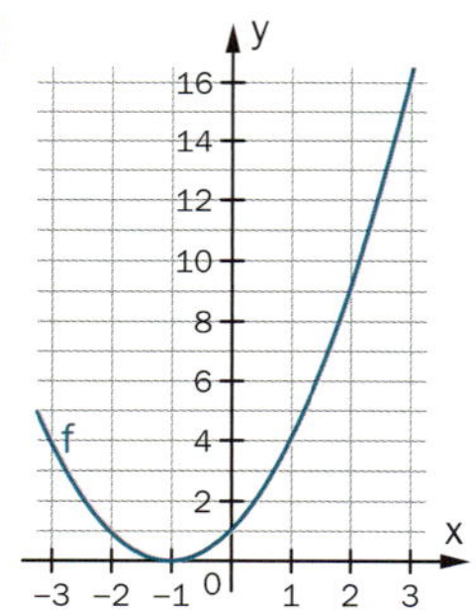

f)

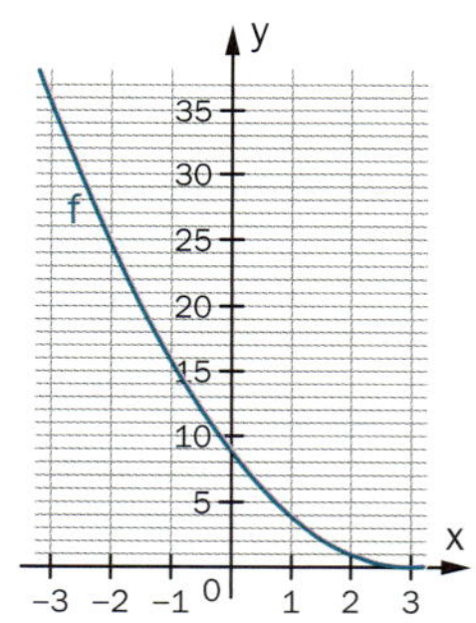

g)

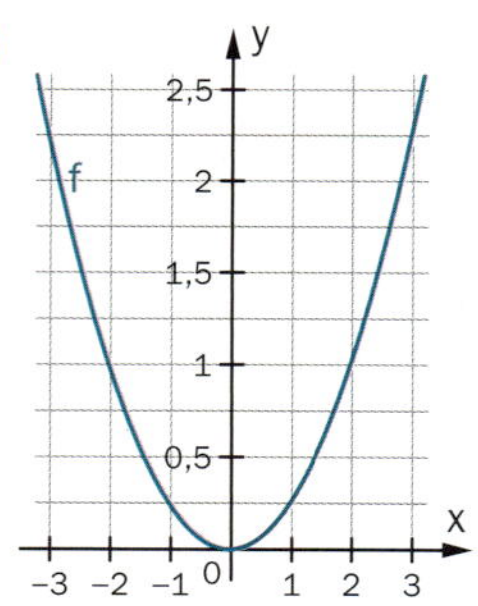

h)

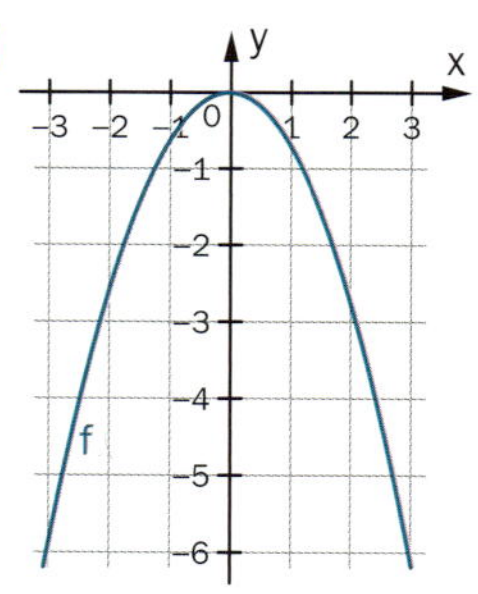

187 a)

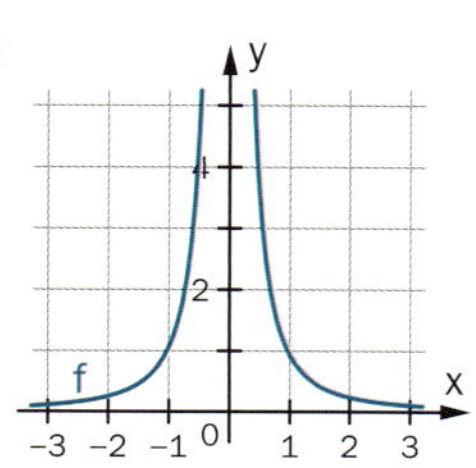

b)

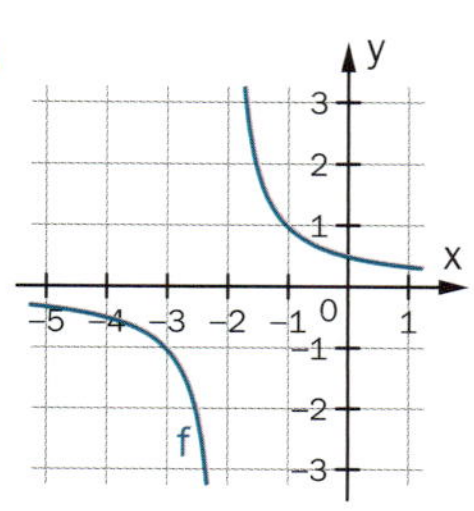

c)

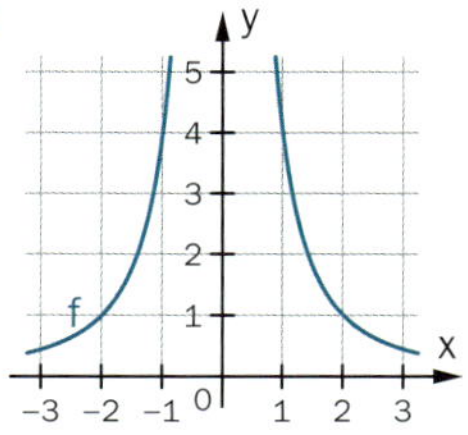

d)

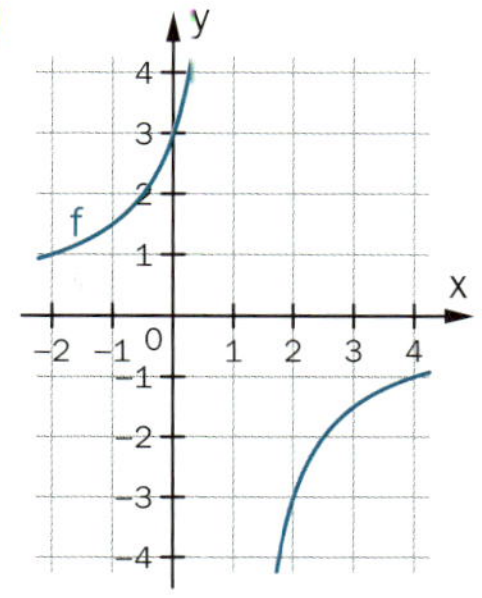

191 a) $k = 1;\ d = -2$

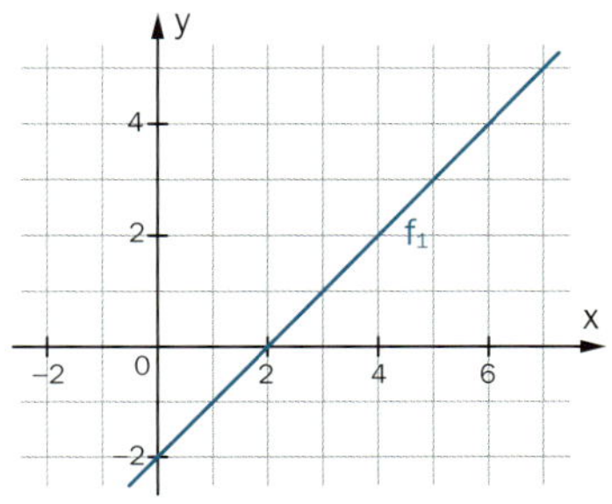

b) $k = -1;\ d = 6$

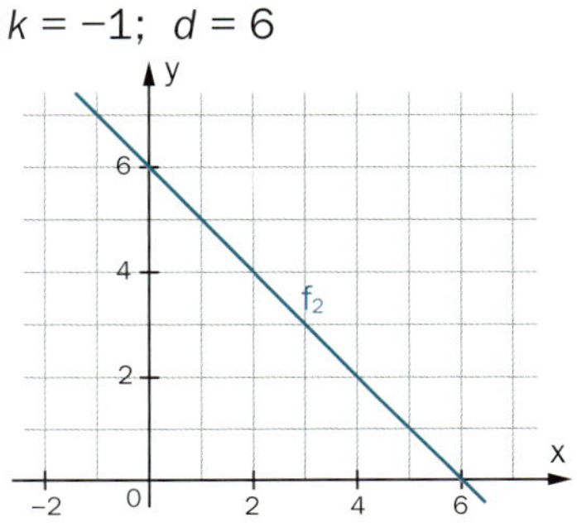

c) $k = 2;\ d = -1$

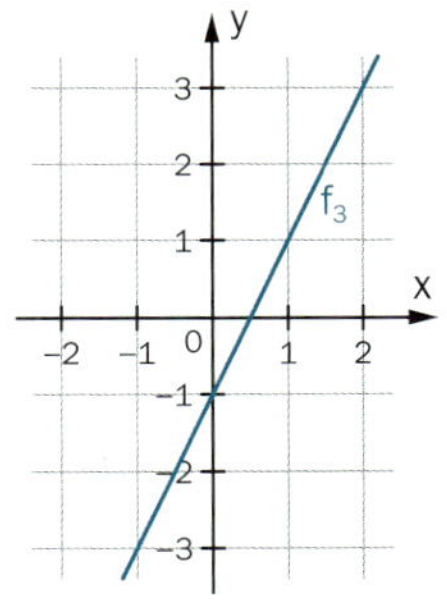

d) $k = -3;\ d = 2$

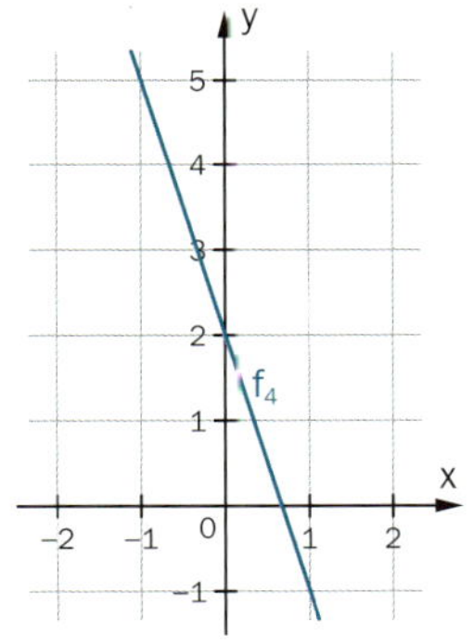

192 a) $k = 1{,}5;\ d = -2{,}5$

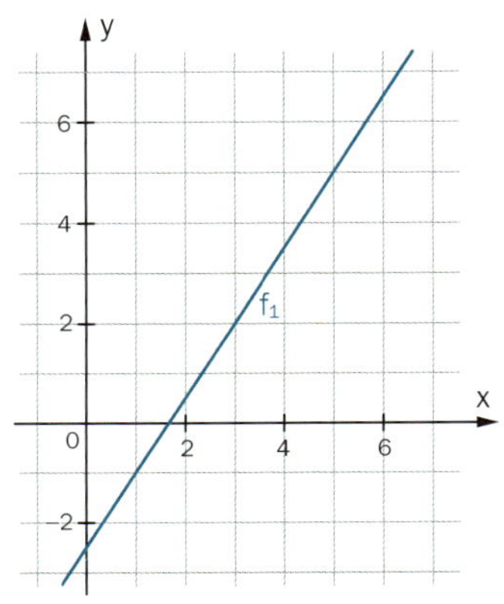

b) $k = 0{,}5;\ d = -1$

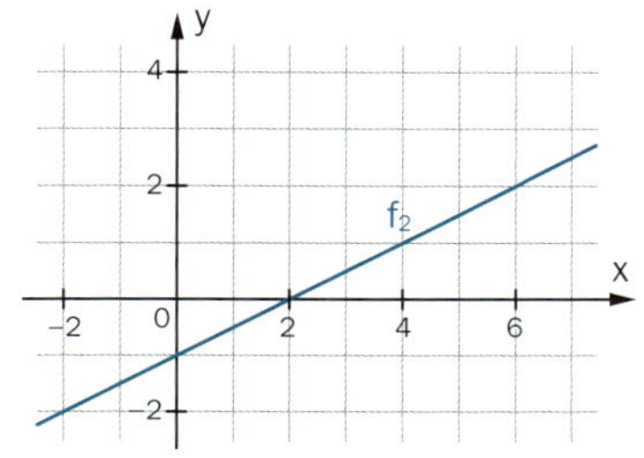

c) $k = -1{,}5;\ d = 2{,}5$

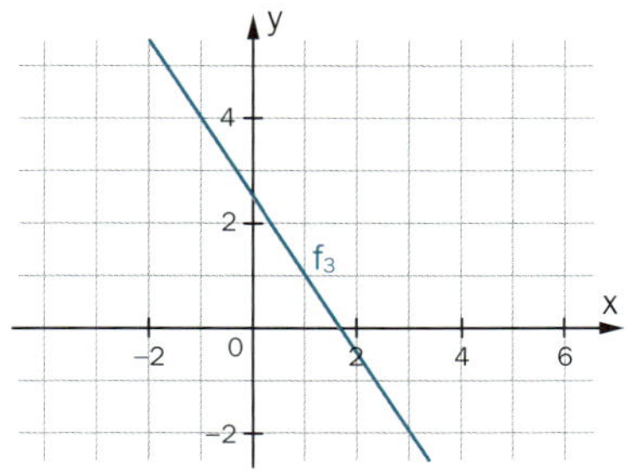

d) $k = -0{,}75;\ d = -0{,}5$

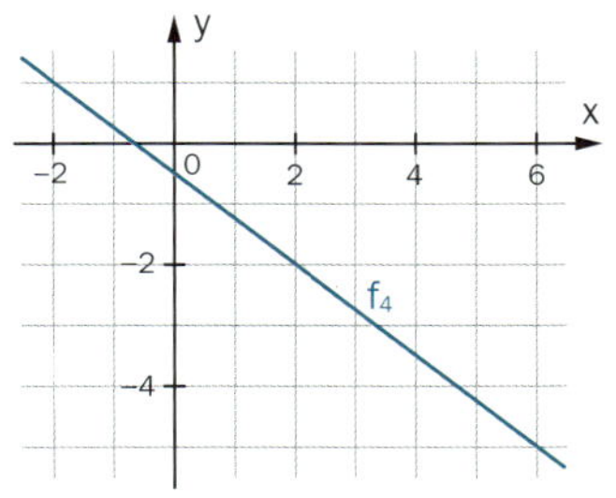

193 a) $k = \frac{1}{3};\ d = -2$

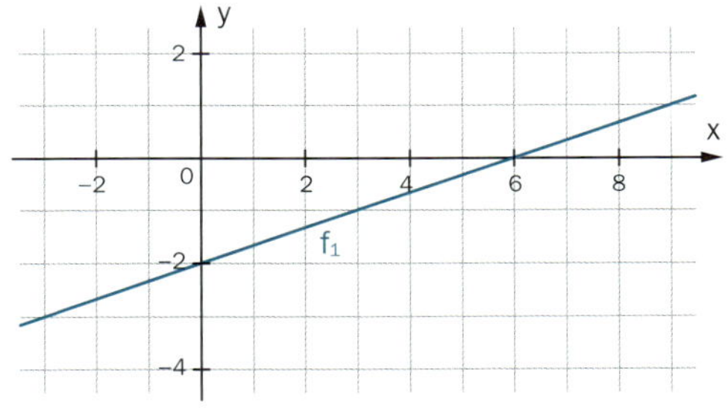

b) $k = \frac{2}{3};\ d = 1$

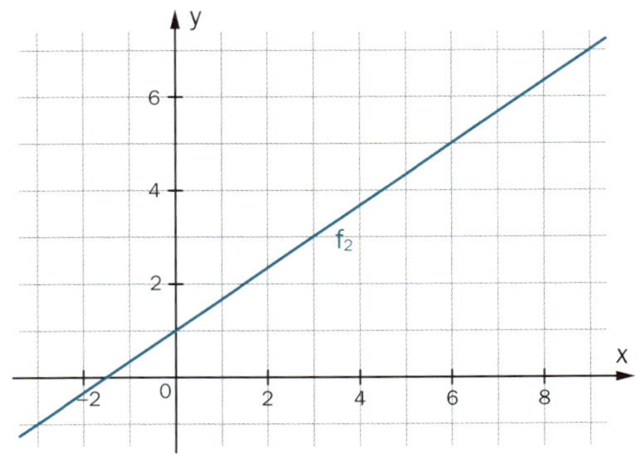

c) $k = -\frac{3}{4}$; $d = -2$

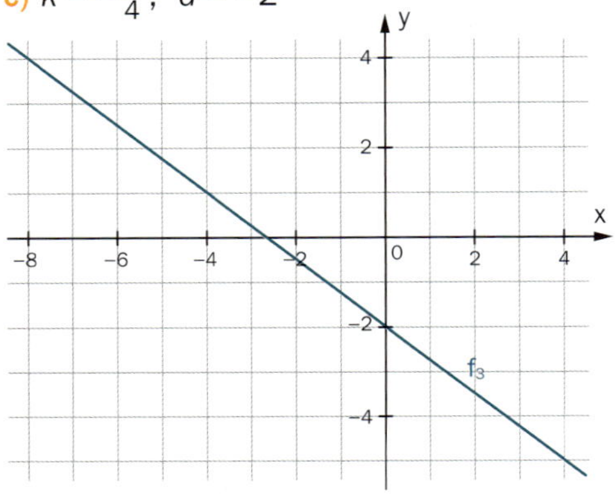

d) $k = -\frac{2}{5}$; $d = -3$

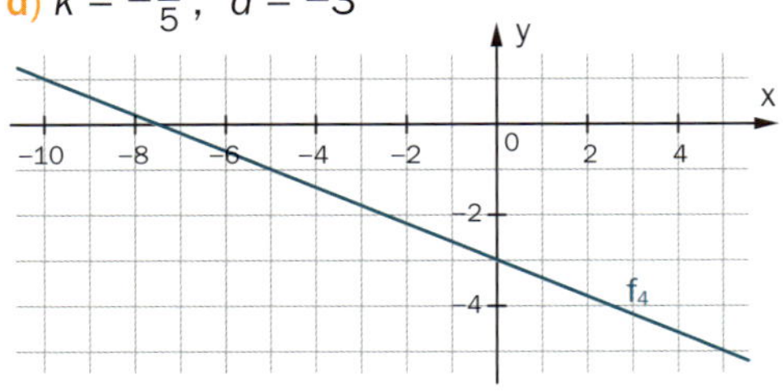

194 a) $k = 2$; $d = -3$ $f(x) = 2x - 3$
b) $k = -3$; $d = 4$ $f(x) = -3x + 4$
c) $k = 0{,}5$; $d = 1{,}5$ $f(x) = 0{,}5x + 1{,}5$
d) $k = -0{,}5$; $d = 2{,}5$ $f(x) = -0{,}5x + 2{,}5$

195 a) $k = -2{,}5$; $d = 2{,}5$ $f(x) = -2{,}5x + 2{,}5$
b) $k = 1{,}5$; $d = -3{,}5$ $f(x) = 1{,}5x - 3{,}5$
c) $k = -\frac{1}{3}$; $d = 2$ $f(x) = -\frac{1}{3}x + 2$
d) $k = \frac{3}{4}$; $d = 0$ $f(x) = \frac{3}{4}x$

196 a) $k = \frac{4}{5}$; $d = -2$ $f(x) = \frac{4}{5}x - 2$
b) $k = -\frac{2}{3}$; $d = -1$ $f(x) = -\frac{2}{3} - 1$

197 1)

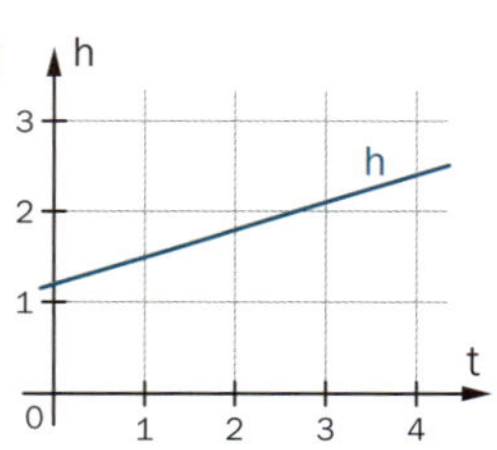

2) Interpretation von 0,3: Die Wasserhöhe im Pool steigt pro Stunde um 0,3 m an.
Interpretation von 1,2: Zu Beginn des Füllvorgangs beträgt die Wasserhöhe im Pool 1,2 m.
3) $h(3) = 2{,}1$
Nach 3 Stunden steht das Wasser 2,1 m hoch.
4) Es dauert 6 Stunden.

198 1) Interpretation von 3,6: Pro Stunde fallen Parkgebühren in der Höhe von 3,60 € an.
Interpretation von 4,5: Für die Benützung des Parkhauses fällt eine Grundgebühr in der Höhe von 4,50 € an.
2) $P(4) = 18{,}90$ Nach 4 Stunden fallen Parkgebühren in der Höhe von 18,90 € an.

199 1) $P(x) = 30x + 5$
2)

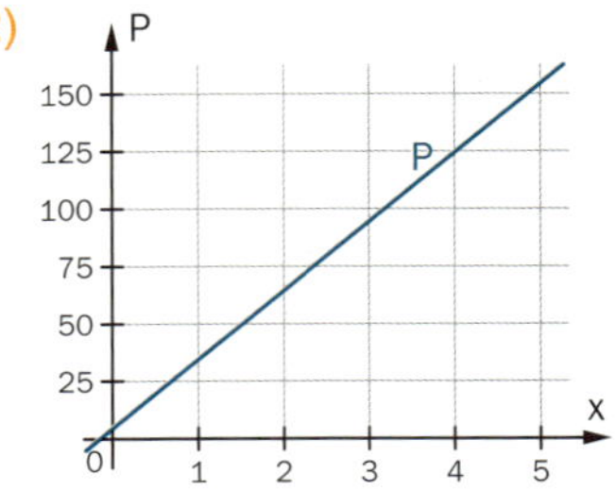

200 a) ohne Vorteilscard: $P(x) = 0{,}18x$
mit Vorteilscard: $P_V(x) = 0{,}09x + 99$
b) Sie muss mehr als 1 100 km fahren.

201 a) Kosten: $K(x) = 2400 + 80x$
Einnahmen: $E(x) = 120x$
b)

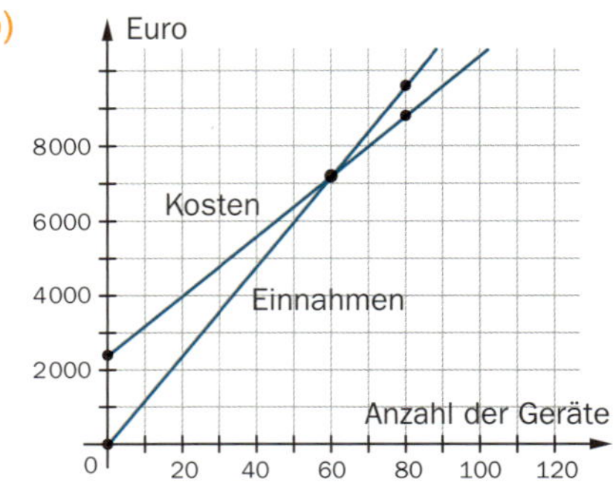

c) Die Firma muss monatlich mindestens 60 Geräte verkaufen.

205 a) $\bar{x} = \frac{66}{12} = 5{,}5$

$\tilde{x} = \frac{5 + 6}{2} = 5{,}5$

Modus = 5 bzw. 6

$R = 3$

$s = \sqrt{\frac{2(4-5{,}5)^2 + 4(5-5{,}5)^2 + 4(6-5{,}5)^2 + 2(7-5{,}5)^2}{12}}$

$= \sqrt{\frac{11}{12}} \approx 0{,}96$

b) $\bar{x} = \frac{104}{8} = 13$

$\tilde{x} = \frac{13 + 13}{2} = 13$

Modus = 13

$R = 4$

$s = \sqrt{\frac{(10 - 13)^2 + 4(13 - 13)^2 + 3(14 - 13)^2}{8}}$

$= \sqrt{\frac{12}{8}} \approx 1{,}22$

c) $\bar{x} = \frac{364}{20} = 18{,}2$

$\tilde{x} = \frac{18 + 18}{2} = 18$

Modus: nicht sinnvoll

$R = 7$

$s = \sqrt{4{,}26} \approx 2{,}06$

206 a) $\bar{x} \approx 30{,}1$ $\tilde{x} = 30$ $q_1 = 28$ $q_3 = 32{,}5$

Das Durchschnittsalter in der Reisegruppe beträgt in etwa 30,1 Jahre.
Mindestens die Hälfte der Teilnehmer der Reisegruppe ist höchstens 30 Jahre alt.
Mindestens 25 % der Teilnehmer der Reisegruppe sind höchstens 28 Jahre alt.
Mindestens 75 % der Teilnehmer der Reisegruppe sind höchstens 32,5 Jahre alt.

b) $\bar{x} \approx 36{,}8$ $\tilde{x} = 37$ $q_1 = 31{,}5$ $q_3 = 43$

Die Schülerinnen und Schüler erreichen im Durchschnitt 36,8 Punkte.
Mindestens die Hälfte der Schülerinnen und Schüler erreichen höchstens 37 Punkte.
Mindestens 25 % der Schülerinnen und Schüler erreichen höchstens 31,5 Punkte.
Mindestens 75 % der Schülerinnen und Schüler erreichen höchstens 43 Punkte.

207 1)

Anzahl der Beifahrer	absolute Häufigkeit	relative Häufigkeit
0	15	0,50 = 50 %
1	6	0,20 = 20 %
2	3	0,10 = 10 %
3	3	0,10 = 10 %
4	3	0,10 = 10 %

2) Für das Kreisdiagramm überlege: 1 % = 3,6°, daher 10 % = 36°

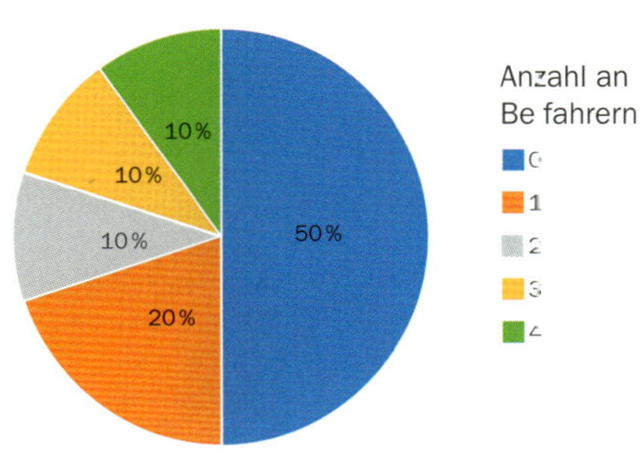

208 1) Klasseneinteilung:

Alter	absolute Häufigkeit	relative Häufigkeit
20–24	2	0,10 = 10 %
25–29	6	0,30 = 30 %
30–34	10	0,50 = 50 %
35–39	2	0,10 = 10 %

2)

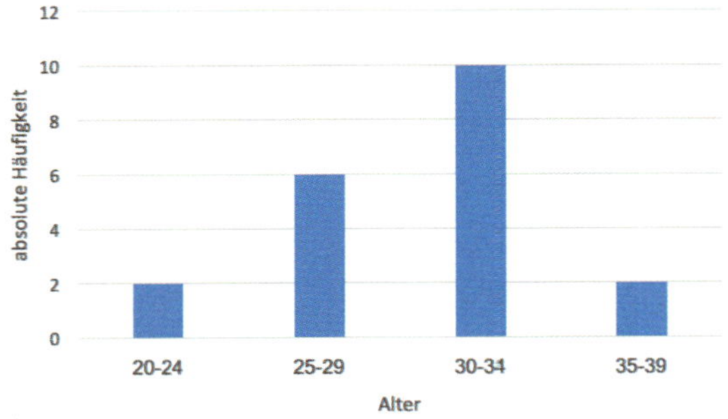

3)

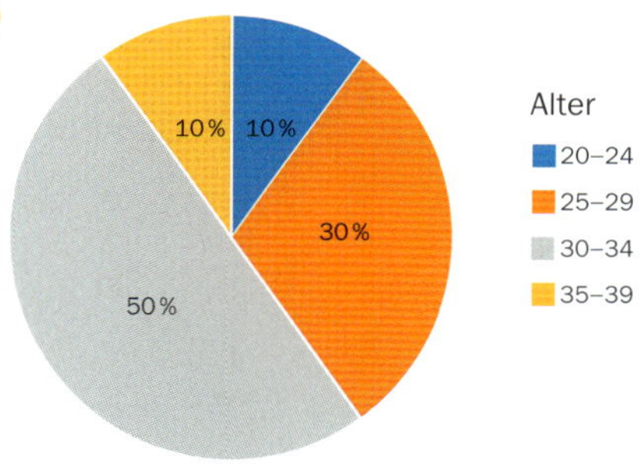

209

Note	absolute Häufigkeit	relative Häufigkeit
Sehr gut	5	$20{,}8\dot{3}$ %
Gut	6	25 %
Befriedigend	8	$33{,}\dot{3}$ %
Genügend	3	12,5 %
Nicht genügend	2	$8{,}\dot{3}$ %

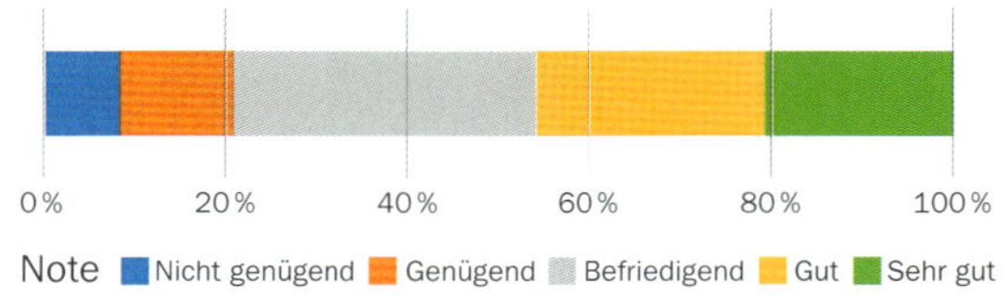

210

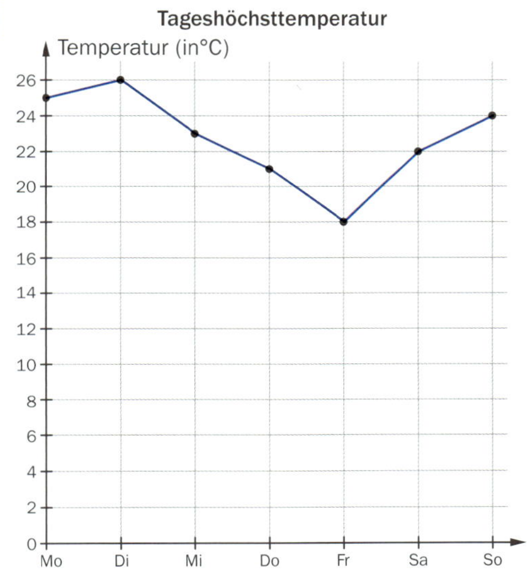

211 a) $x_{min} = 1$; $x_{max} = 10$; $R = 9$;
$\tilde{x} = 8$; $q_1 = 4$; $q_3 = 9$

b) $x_{min} = 1$; $x_{max} = 17$; $R = 16$;
$\tilde{x} = 8$; $q_1 = 4$; $q_3 = 9$

c) $x_{min} = 1$; $x_{max} = 10$; $R = 9$;
$\tilde{x} = 5$; $q_1 = 4$; $q_3 = 9$

d) $x_{min} = 2$; $x_{max} = 17$; $R = 15$;
$\tilde{x} = 5$; $q_1 = 4$; $q_3 = 7$

212 a)

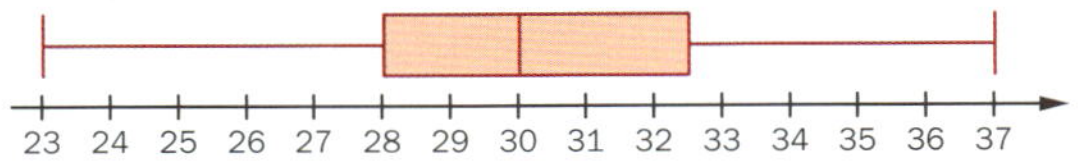

b)

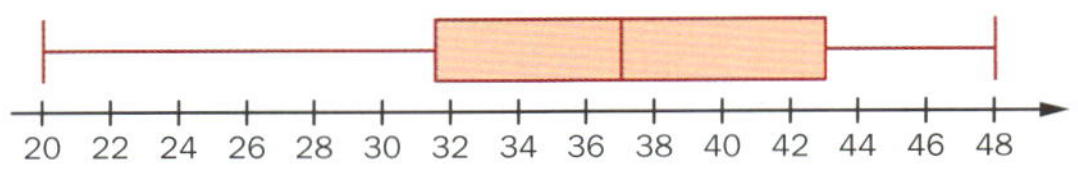

Ebene Figuren und Körper

Rechteck

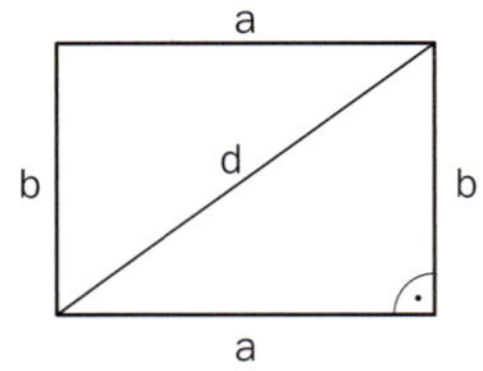

Quadrat

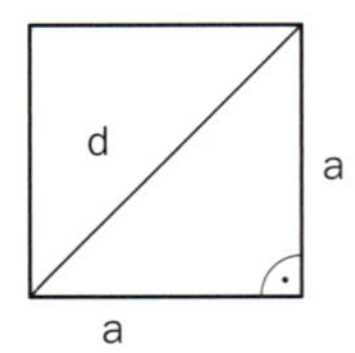

Dreieck

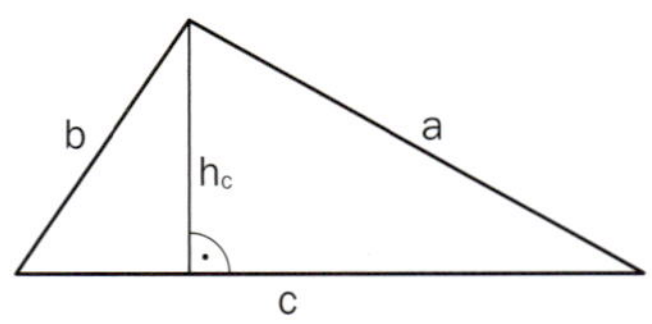

Kreis

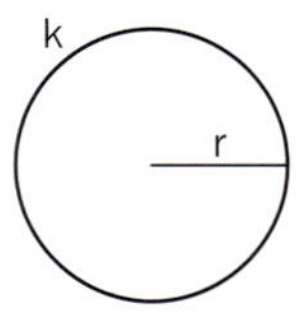

Parallelogramm

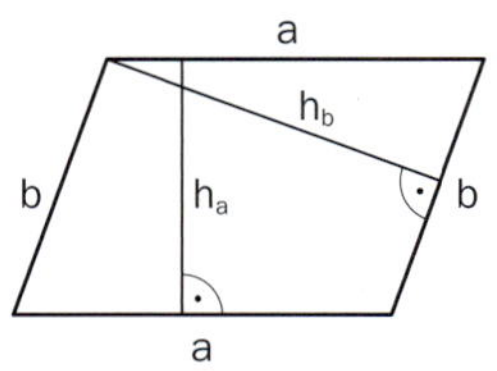

Raute

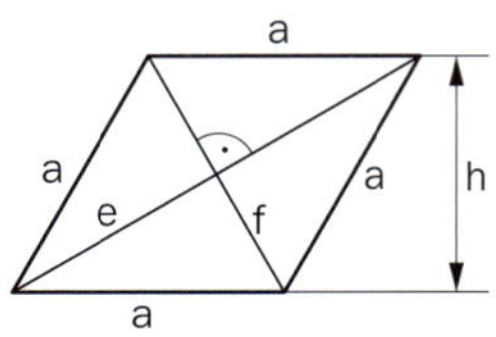

Deltoid

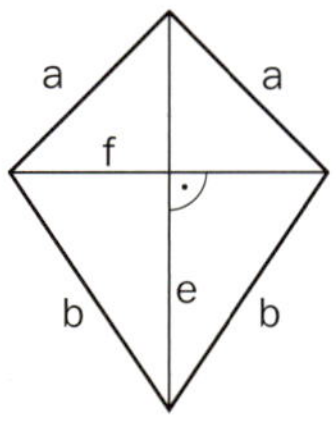

Trapez

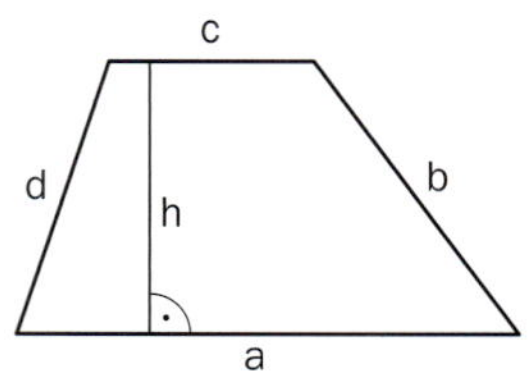

Prisma

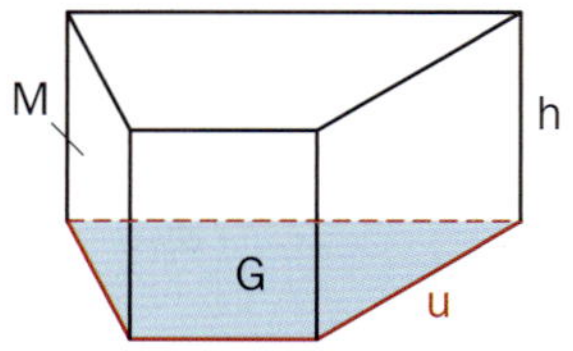

$O = 2 \cdot G + M$

$V = G \cdot h$

Pyramide

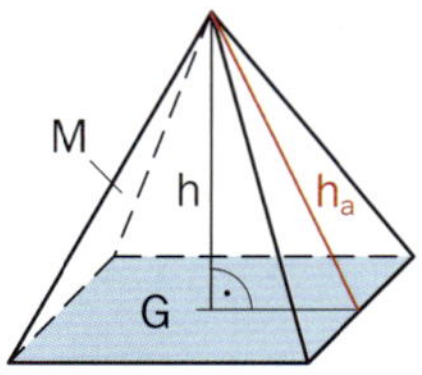

$O = G + M$

$V = \frac{G \cdot h}{3}$

Zylinder

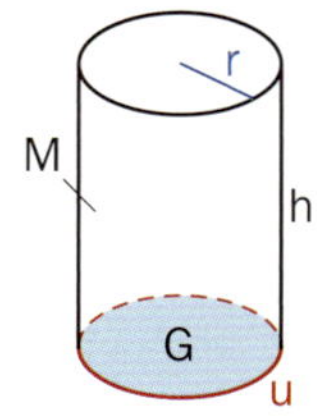

$O = 2 \cdot G + M$

$V = G \cdot h$

Kegel

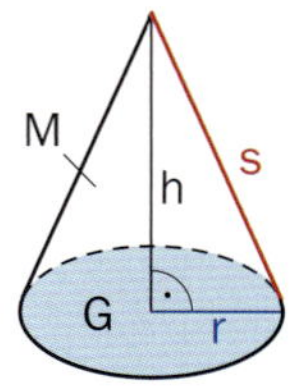

$O = G + M$

$V = \frac{G \cdot h}{3}$

Stichwortverzeichnis